光伏发电系统
理论与运维 习题集

陈晓弢　刘保松　田　洲　吕学斌　周元贵　余家喜
贾　飞　李庆锋　张　佳 **等** 编

中国电力出版社
CHINA ELECTRIC POWER PRESS

图书在版编目（CIP）数据

光伏发电系统理论与运维习题集/陈晓弢等编 . --北京：中国电力出版社，2024.9. -- ISBN 978 - 7 - 5198 - 9172 - 5

Ⅰ. TM615 - 44

中国国家版本馆 CIP 数据核字第 2024LC7092 号

出版发行：中国电力出版社
地　　址：北京市东城区北京站西街 19 号（邮政编码 100005）
网　　址：http://www.cepp.sgcc.com.cn
责任编辑：赵鸣志（010 - 63412385）
责任校对：黄　蓓　王小鹏
装帧设计：张俊霞
责任印制：吴　迪

印　　刷：三河市万龙印装有限公司
版　　次：2024 年 9 月第一版
印　　次：2024 年 9 月北京第一次印刷
开　　本：787 毫米×1092 毫米　16 开本
印　　张：10
字　　数：197 千字
印　　数：0001—1000 册
定　　价：48.00 元

本书编写人员名单

主要编写人员　陈晓弢　刘保松　田　洲　吕学斌　周元贵
　　　　　　　余家喜　贾　飞　李庆锋　张　佳
参与编写人员　王玉秋　保善营　张维涛　彭福星　王　琪
　　　　　　　万志良　李　旋　王有福　高　翔　王柯敏
　　　　　　　兰　浩　康　卫
审 校 人 员　喻新根　胡程诚　罗　雯

在"双碳"目标的政策引领下，各行各业都在加速绿色低碳转型。电能作为高品位的能源形式，是构建清洁低碳、安全高效现代能源体系的主体，也是减碳的"主战场"。在电源侧大力开发以风、光为代表的新能源，是构建新型电力系统、实现"双碳"目标的重要途径。随着我国沙戈荒地区新能源大基地陆续投运，培养适应新能源高质量发展的高技能、创新型人才迫在眉睫。2023年，中国能源化学地质工会和中国职工技术协会在青海共和举办了首届全国光伏职业技能竞赛，共有12家电力集团和3家省级工会的132名选手参加比赛，开辟了我国光伏从业人员技能比拼的国家级赛场。

本书是《光伏发电系统理论与运维》的配套习题集，在各家能源央企提供的习题库的基础上，由首届全国光伏职业技能竞赛理论命题组成员进行勘误校正整理而成，可供光伏从业人员学习参考，也可作为参加全国光伏职业技能竞赛的参考书。本书由青海大学担任主编单位，中国长江三峡集团有限公司、国家电力投资集团有限公司、中国华能集团有限公司、中国华电集团有限公司、中国大唐集团有限公司、国家能源投资集团有限责任公司、中国绿发投资集团有限公司、中国广核集团有限公司参加了编写。中国长江三峡集团有限公司田洲对书稿进行了精心审校。由于本书内容涉及范围较广，且编写时间紧，书中难免存在疏漏之处，敬请读者提出宝贵意见，以便本书再版时改进。

编者

2024年8月

目 录

第一章 绪 论

一、判断题

1. 第一代光伏电池是基于薄膜技术的光伏电池。 （　　）
2. 光伏电站常用的太阳能电池组件为非晶硅。 （　　）

二、填空题

1. 根据国家气象局风能太阳能评估中心划分标准，我国太阳能资源地区分为_____类。

2. 一类地区（资源丰富带）：全年辐射量在_____MJ/m²，相当于 230kg 标准煤燃烧所发出的热量。

3. 太阳能发电分为_____和_____。通常说的太阳能发电指的是_____。

三、简答题

1. 简述太阳能发电的优势。

2. 简述太阳能电池按材料如何分类。

第二章 光伏发电基础理论

一、单选题

1. 低压指用于配电的交流系统中（   ）的电压等级。

A. 250V 以下   B. 250V 及以下

C. 1000V 及以下   D. 1000V 及以上

2. 当日照条件达到一定程度时，由于日照的变化而引起较明显变化的是（   ）。

A. 开路电压   B. 工作电压   C. 短路电流   D. 最佳倾角

3. 下列表征太阳能电池的参数中，不属于太阳能电池电学性能主要参数的是（   ）。

A. 开路电压   B. 短路电流   C. 填充因子   D. 掺杂浓度

4. 消弧线圈在运行时，如果消弧的抽头满足 $X_L = X_C$ 的条件时，这种运行方式称（   ）。

A. 过补偿   B. 欠补偿   C. 全补偿   D. 不补偿

5. 光伏方阵各排、列的布置间距应保证当地真太阳时的时间段（   ）前、后、左、右互不遮挡。

A. 8：00～16：00   B. 7：30～17：00

C. 9：00～15：00   D. 10：00～15：00

6. 下列选项中不是电力系统常见的不正常工作情况的是（   ）。

A. 过负荷   B. 两相短路

C. 过电压   D. 电力系统振荡

7. 在 RLC 串联的交流电路中，当总电压相位落后于电流相位时，则（   ）。

A. $X_L > X_C$ B. $X_L < X_C$ C. $X_L = X_C$ D. $R + X_L > X_C$

8. 负载流过交流电流 $I = 10\sin 314t$ A，电压 $U = 10\sin 314t + 90°$ V，则负载是（   ）。

A. 纯阻性的   B. 纯容性的   C. 纯感性的   D. 阻容性的

9. 光伏发电站是利用光伏电池的（   ）效应，将太阳辐射能直接转换成电能的发电系统。

A. 光热　　　　　B. 电磁场　　　　　C. 光生伏特　　　　　D. 光电

10. 辐照度的单位（　　　）。

A. kW/h　　　　B. W/m²　　　　C. kWh/m²　　　　D. kW

11. 变压器油在变压器内的作用为（　　　）。

A. 绝缘、冷却　　B. 灭弧　　　　C. 防潮　　　　D. 隔离空气

12. 根据 GB 50797—2012《光伏发电站设计规范》规定，光伏发电站中，除光伏支架外的建（构）筑物的结构设计使用年限应为（　　　）。

A. 25 年　　　　B. 30 年　　　　C. 50 年　　　　D. 60 年

13. 断路器均压电容的作用（　　　）。

A. 电压分布均匀　　　　　　　　B. 提高恢复电压速度

C. 提高断路器开断能力　　　　　D. 减小开断电流

14. 在太阳能电池外电路接上负载后，负载中便有电流过，该电流称为太阳能电池的（　　　）。

A. 短路电流　　B. 开路电流　　　C. 工作电流　　　D. 最大电流

15. 在衡量太阳电池输出特性参数中，表征最大输出功率与太阳电池短路电流和开路电压乘积比值的是（　　　）。

A. 转换效率　　B. 填充因子　　　C. 光谱响应　　　D. 方块电阻

16. 下列光伏系统器件中，能实现 DC—AC（直流—交流）转换的器件是（　　　）。

A. 太阳电池　　B. 蓄电池　　　C. 逆变器　　　D. 控制器

17. 太阳能光伏发电系统的装机容量通常以太阳电池组件的输出功率为单位，如果装机容量 1GW，其相当于（　　　）。

A. $1×10^3$W　　B. $1×10^6$W　　C. $1×10^9$W　　D. $1×10^{10}$W

18. 在地球大气层之外，地球与太阳平均距离处，垂直于太阳光方向的单位面积上的辐射能基本上为一个常数。这个辐射强度称为（　　　）。

A. 大气质量　　B. 太阳常数　　　C. 辐射强度　　　D. 太阳光谱

19. 太阳能光伏发电系统的最核心的器件是（　　　）。

A. 控制器　　　B. 逆变器　　　C. 太阳能电池　　　D. 蓄电池

20. 太阳能光伏发电系统中，（　　　）指在电网失电情况下，发电设备仍作为孤立电源对负载供电这一现象。

A. 孤岛效应　　B. 光伏效应　　　C. 充电效应　　　D. 霍尔效应

21. 地面用太阳能电池标准测试条件为在温度为 25℃下，大气质量为 AM1.5 的阳光光谱，辐射能量密度为（　　　）。

A. 1000W/m²　　B. 1367W/m²　　C. 1353W/m²　　D. 1130W/m²

22. 在太阳能光伏发电系统中，太阳能电池方阵所发出的电力如果要供交流负载使用的话，实现此功能的主要器件是（　　）。

　　A. 稳压器　　　　B. 逆变器　　　　　C. 二极管　　　　D. 蓄电池

23. 太阳能电池最大输出功率与太阳光入射功率的比值称为（　　）。

　　A. 填充因子　　　B. 转换效率　　　　C. 光谱响应　　　D. 串联电阻

24. 蓄电池的容量就是蓄电池的蓄电能力，符号为 C，通常用单位（　　）来表征蓄电池容量。

　　A. 安培　　　　　B. 伏特　　　　　　C. 瓦特　　　　　D. 安时

25. 光伏电池的（　　），是指光伏电池工作环境温度和光伏电池吸收光子后使自身温度升高对光伏电池性能的影响。

　　A. 填充因子　　　B. 光电转换效率　　C. 光谱特性　　　D. 温度特性

26. 当光伏电池的正、负极不接负载时，正、负极间的电压就是（　　）。

　　A. 额定电压　　　B. 工作电压　　　　C. 开路电压　　　D. 短路电压

27. 目前光伏发电站最常使用的光伏组件为（　　）。

　　A. 单晶硅组件　　　　　　　　　　　B. 多晶硅组件

　　C. 非晶硅薄膜组件　　　　　　　　　D. 砷化镓光伏组件

28. 日照时数是指太阳在一地实际照射的时数。在一给定时间，日照时数定义为太阳直接辐照度达到或超过（　　）的那段时间总和，以小时为单位，取一位小数。日照时数也称为实照时数。

　　A. 120W/m²　　　B. 150W/m²　　　C. 80W/m²　　　D. 200W/m²

29. 光伏组件转换中效率较高的是（　　）。

　　A. 单晶硅组件　　B. 多晶硅组件　　　C. 非晶薄膜组件　　D. GaAs 组件

30. 电阻值不随电压电流的变化而变化的电阻称为（　　）。

　　A. 等效电阻　　　B. 线性电阻　　　　C. 非线性电阻　　D. 有效电阻

31. 在并联的交流电路中，总电流等于各分支电路电流的（　　）。

　　A. 代数和　　　　B. 相量和　　　　　C. 总和　　　　　D. 最小值

32. 在国内行业标准中，A、B、C 三相对应的颜色分别为（　　）。

　　A. 黄、绿、红　　B. 绿、黄、红　　　C. 红、黄、绿

33. 低压开关用来切断和接通（　　）以下的交、直流电路。

　　A. 500V　　　　　B. 400V　　　　　C. 250V　　　　　D. 220V

34. 纯电感电容并联回路发生谐振时，其并联回路的视在阻抗等于（　　）。

　　A. 无穷大　　　　　　　　　　　　　B. 零

　　C. 电源阻抗　　　　　　　　　　　　D. 谐振回路中的电抗

35. 某三角形网络 LMN，其支路阻抗 Z_{LM}、Z_{MN}、Z_{LN} 均为 Z，变换为星形网络 LMN - O，其支路阻抗 Z_{LO}、Z_{MO}、Z_{NO} 均为（　　）。

A. $3Z$　　　　　　B. $Z/3$　　　　　　C. Z　　　　　　D. $Z/\sqrt{3}$

36. 短路计算中，系统最大运行方式是系统短路电流最（　　）的运行方式，此时系统综合阻抗最（　　）。

A. 大，大　　　　B. 大，小　　　　C. 小，大　　　　D. 小，小

37. 短路计算中，系统最小运行方式是系统短路电流最（　　）的运行方式，此时系统综合阻抗最（　　）。

A. 大，大　　　　B. 大，小　　　　C. 小，大　　　　D. 小，小

38. 标幺值是无单位的相对数值，其表示式为（　　）。

A. 标幺值＝有名值（有单位的物理量）/基准值（与有名值同单位的物理量）

B. 标幺值＝基准值（与有名值同单位的物理量）/有名值（有单位的物理量）

C. 标幺值＝有名值（有单位的物理量）×基准值（与有名值同单位的物理量）

D. 标幺值＝有名值（有单位的物理量）/有名值（有单位的物理量）

39. 由电力系统负阻尼引发的并列运行的发电机间在小干扰下发生的频率为 $0.2\sim 2.5 \mathrm{Hz}$ 范围内的持续振荡现象称为（　　）。

A. 次同步振荡　　B. 低频振荡　　　C. 铁磁谐振　　　D. 轴系扭振

40. 短路电流计算采用标幺值法时，下列说法正确的是（　　）。

A. 标幺值电流可替代标幺值容量

B. 位于不同电压等级的阻抗可用同一的基准电压来计算阻抗的标幺值

C. 相电压和线电压标幺值不同

D. 单相功率和三相功率的标幺值不同

41. Y/△- 11 接线的变压器，一次侧电压与对应二次侧线电压的角度差是（　　）。

A. 330°　　　　　B. 30°　　　　　C. 300°

42. 三绕组降压变压器绕组由里向外排列顺序通常为（　　）。

A. 高压、中压、低压　　　　　　　B. 低压、中压、高压

B. 中压、低压、高压　　　　　　　D. 低压、高压、中压

43. 三绕组升压变压器绕组由里向外排列顺序通常为（　　）。

A. 高压、中压、低压　　　　　　　B. 低压、中压、高压

B. 中压、低压、高压　　　　　　　D. 低压、高压、中压

44. 变压器的温度升高时，其绝缘电阻测量值（　　）。

A. 增大　　　　　　　　　　　　B. 降低

C. 不变　　　　　　　　　　　　　　D. 成比例增长

45. 如果一台三绕组自耦变压器的高、中绕组变比为 2.5，S_n 为额定容量，则低压绕组的最大容量为（　　）。

A. $0.5S_n$　　　　　　B. $0.6S_n$　　　　　　C. $0.4S_n$

46. 供电系统的谐波源主要是（　　）。

A. 电压源　　　　B. 电流源　　　　C. 电抗器　　　　D. 电容器

47. 电力系统无功电源最优分布的原则是（　　）。

A. 等耗量微增率准则　　　　　　　　B. 等网损微增率准则

B. 最优网损微增率准则　　　　　　　D. 等比耗量准则

48. 太阳能电池最大输出功率与太阳光入射功率的比值称为（　　）。

A. 填充因子　　B. 转换效率　　C. 光谱响应　　D. 串联电阻

49. 无功容量不足，会引起电压（　　）。

A. 下降　　　　　　　　　　　　　　B. 升高

C. 不变　　　　　　　　　　　　　　D. 边远地带上升

50. 变电站的母线上装设避雷器是为了（　　）。

A. 防止直击雷　　　　　　　　　　　B. 防止反击过电压

C. 防止雷电行波　　　　　　　　　　D. 防止雷电流

51. 当信号源和数字电压表确定后，由信号源内阻和数字电压表输入电阻引起的相对误差（　　）。

A. 与输入电压成正比　　　　　　　　B. 与输入电压成反比

B. 仅与输入电阻有关　　　　　　　　D. 与输入电压无关

52. 电容式电压互感器采用电容分压原理，其误差不受（　　）的影响。

A. 电网频率　　　　　　　　　　　　B. 温度

C. 湿度　　　　　　　　　　　　　　D. 邻近效应及外电场

53. 当系统频率下降时，负荷吸取的有功功率（　　）。

A. 随着下降　　B. 随着上升　　C. 不变　　　　D. 不定

54. 光伏组件常见结构中不包括（　　）。

A. 硅橡胶　　　　B. EVA　　　　C. 玻璃面板　　　　D. 接线盒

55. 下列对 N 型半导体和 P 型半导体的说法，错误的是（　　）。

A. 存在多余电子的称为 N 型半导体

B. 存在多余空穴的称为 P 型半导体

B. N 型半导体中电子为多数载流子

D. N 型半导体中多余价电子受到共价键的束缚较弱

56. 变压器温度上升，绕组直流电阻(　　)。

A. 变大

B. 变小

C. 不变

D. 变得不稳定

57. 变压器空载损耗是指(　　)。

A. 空载铜损耗

B. 铁损耗

B. 磁滞损耗和涡流损耗

D. 空载铜损耗和铁损耗

58. 变压器铭牌上的额定容量是指(　　)。

A. 有功功率　　　B. 无功功率　　　C. 视在功率　　　D. 平均功率

59. 变压器正常运行时的声音是(　　)。

A. 断断续续的嗡嗡声

B. 连续均匀的嗡嗡声

B. 时大时小的嗡嗡声

D. 无规律的嗡嗡声

60. 断路器用合闸电阻的作用是(　　)。

A. 电压分布均匀

B. 限制过电压

B. 提高断路器开断能力

D. 减小开断电流

61. 影响复合绝缘子老化的主要因素是(　　)。

A. 机械负荷　　　B. 环境因素　　　C. 表面放电　　　D. 雷击

62. 复合绝缘子具有优异的耐污闪性能，其主要原因是(　　)。

A. 耐潮性　　　B. 耐腐蚀　　　C. 较小的直径　　　D. 憎水性

63. 由直接雷击或雷电感应而引起的过电压称为(　　)过电压。

A. 大气　　　B. 操作　　　C. 谐振　　　D. 感应

64. 为避免输送功率较大等原因而造成负荷端的电压过低时，可以在电路中(　　)。

A. 并联电容

B. 串联电感和电容

C. 串联电容

D. 串联电感

65. 接地电阻是指(　　)。

A. 接地极或自然接地极的对地电阻

B. 接地线电阻的总和

C. 接地极或自然接地极的对地电阻和接地线电阻的总和

二、多选题

1. 光伏发电站太阳能资源分析宜包括 (　　)。

A. 长时间序列的年总辐射量变化和各月总辐射量年际变化

B. 5 年以上的年总辐射量平均值和月总辐射量的平均值

C. 最近 3 年内连续 12 个月各月辐射量日变化及各月典型日辐射量最小时变化

D. 总辐射最大辐照度

2. 下列关于地面光伏电站选址的说法，正确的是(　　　)。

A. 光伏发电站宜建在地震烈度为 8 度及以下地区

B. 光伏电站站址宜选择在地势平坦的地区或者南高北低的坡度地区

C. 条件合适时，可在风电场内建设光伏发电站

D. 选择地址时，应避开空气经常受悬浮物严重污染的地区

3. 根据 GB 50797—2012《光伏发电站设计规范》，光伏发电站设计在满足安全性和可靠性的同时，应优先采用(　　　)。

A. 新技术　　　　　　　　　　　B. 新工艺

C. 新设备　　　　　　　　　　　D. 新理念

E. 新材料

4. 根据 GB 50797—2012《光伏发电站设计规范》，参考的气象站采集的信息应包括气象站长期观测记录所采用的(　　　)，以及建站以来的站址迁移、辐射设备维护记录、周边环境变动等基本情况和时间。

A. 标准　　　　　　　　　　　　B. 辐射仪器型号

C. 安装位置　　　　　　　　　　D. 高程

E. 周边环境状况

5. 用电设备的接地及安全设计，应根据 (　　　) 等因素合理确定方案。

A. 工程的发展规划　　　　　　　B. 工程的地质特点

C. 工程的规模　　　　　　　　　D. 工程的电气设备

6. 太阳辐射的特点包括 (　　　)。

A. 周期性　　　　B. 随机性　　　　C. 能量密度低

7. 总辐射表由(　　　)等几部分组成。

A. 热传感器　　　B. 半球玻璃罩　　　C. 仪器体　　　　　D. 跟踪器

8. 组件最大功率点是指在(　　　)条件下 $I-U$ 曲线的最大功率点。

A. 固定的太阳辐照度　　　　　　B. 固定的工作温度

C. 固定的负载电阻　　　　　　　D. 固定的时间

9. 影响绝缘电阻的因素有(　　　)。

A. 温度　　　　B. 湿度　　　　　C. 辐射量　　　　　D. 交联

三、判断题

1. 在足够能量的光照射太阳电池表面时，在 PN 结内建电场的作用下，N 区的电子向 P 区运动，P 区的空穴向 N 区运动。　　　　　　　　　　　　　　(　　　)

2. 光伏组件温度升高，特别是高于 85℃时会严重影响发电量。　　　　(　　　)

3. 光伏发电系统一般包含逆变器和光伏方阵，也可包含变压器。　　　(　　　)

4. 依据 GB 50797—2012《光伏发电站设计规范》，光伏发电站应在并网点外侧设置易于操作，可闭锁且具有明显断开点的并网总断路器。 （   ）

5. 依据 Q/GDW 617—2011《光伏电站接入电网技术规定》，直接或间接接入公用电网运行的光伏电站定义为并网光伏电站。 （   ）

6. 当三相对称负载三角形连接时，线电流等于相电流。 （   ）

7. 电气上的"地"的含义不是指大地，而是指电位为零的地方。 （   ）

8. 电压互感器的互感比即为一、二次额定电压之比。 （   ）

9. 在三相四线、三相三线制电路中，三个相电流之和必等于零。 （   ）

10. 交流铁芯绕组的主磁通由电压 U、频率 f 及匝数 N 所决定。 （   ）

11. 当系统发生振荡时，距振荡中心远近的影响都一样。 （   ）

12. 感性无功功率的电流向量超前电压向量 90°，容性无功功率的电流向量滞后电压向量 90° （   ）

13. 光伏电站逆变器是将交流电变换成直流电的设备。 （   ）

14. 依据 GB 50797—2012《光伏发电站设计规范》，参考气象站所在地与光伏发电站站址所在地的气候特征、地理特征应完全一致。 （   ）

15. 依据 GB 50797—2012《光伏发电站设计规范》，与建筑相结合的光伏发电站的光伏方阵应结合太阳辐照度、风速、雨水、积雪等气候条件，及建筑朝向、屋顶结构等因素进行设计，经综合比较后确定方位角、倾角和阵列行距。 （   ）

16. 为了衡量太阳辐射能量的大小，确立了一个太阳辐射强度的单位——辐照强度，单位通常为 W/m^2。 （   ）

17. 自然界中的物体，根据导电性能的不同分为导体、半导体、绝缘体。光伏电池材料属于导体。 （   ）

18. 太阳能电池短路电流和输出功率与光照强度成正比。 （   ）

19. 为了增加硅片表面光能吸收量，减小光反射损耗，在光伏电池表面还要镀敷一层用二氧化硅构成的减反射膜。 （   ）

20. 在光伏电池的串并联中，所用的二极管一般是肖特基二极管，其管压降为0.6~0.7V。 （   ）

21. 户用光伏系统的选用容量在几十瓦到几百瓦，其供电可靠性、稳定性要求相对不高。 （   ）

22. 单晶硅硅片因为使用硅棒的原因，四周有圆形大倒角，而多晶硅一般采用小倒角。 （   ）

23. 负载电阻为零时，太阳能电池板输出的电流为短路电流。 （   ）

24. 负载电阻为无穷大时，太阳能电池板输出的电压为开路电压。 （   ）

25. 行程开关由静触头、动静桥、压动杆组成，其工作原理和操作形式同按钮一样。

                                                                 （　　）

26. 随着电池板温度升高，短路电流上升，开路电压上升，转换效率升高。（　　）

27. 由于光的颜色（波长）不同，转变为电能的比例也不同，这种特性称为光谱特性。   （　　）

28. 温度变化影响最大的是开路电压。   （　　）

29. 太阳能电池最大输出功率与太阳光入射功率的比值称为转换效率。（　　）

30. 在太阳能电池电学性能参数中，其开路电压大于工作电压，工作电流大于短路电流。   （　　）

31. 太阳能电池单体是用于光电转换的最小单元，其工作电压约为 $200\sim300\text{mV}$，工作电流为 $20\sim25\text{mA}/\text{cm}^2$。   （　　）

32. 在地球大气层之外，地球与太阳平均距离处，垂直于太阳光方向的单位面积上的辐射能基本上为一个常数。这个辐射强度称为太阳常数。（　　）

33. 太阳能光伏发电系统中，光伏效应指在电网失电情况下，发电设备仍作为孤立电源对负载供电这一现象。   （　　）

34. 在太阳能光伏发电系统中，太阳能电池方阵所发出的电力如果要供交流负载使用的话，实现此功能的主要器件是逆变器。（　　）

35. 太阳能光伏发电系统中，太阳能电池组件表面被污物遮盖，会影响整个太阳能电池方阵所发出的电力，从而产生热斑效应。（　　）

36. 逆变器除具有将直流电逆变为交流电的功能外，还应具有最大限度的发挥光伏电池性能以及系统故障保护的功能。（　　）

37. 与传统的固定支架相比较，采用单轴跟踪支架组件的单位容量发电量可以提高 20%，而双轴跟踪支架甚至可以提高 30% 以上。（　　）

38. 60 块电池片封装的光伏组件，短路电流一般为 9A。   （　　）

39. 60 块电池片封装的光伏组件，开路电压一般 12V。   （　　）

40. 光伏组件最佳倾斜角与当地的地理纬度有关，当纬度较高时，倾斜角也越大。

                                                                  （　　）

41. 电压的升高和频率的降低均可导致磁通密度的增大，磁通密度过分增大，使铁芯饱和，励磁电流急剧增加，造成过励磁现象。变压器铁芯饱和之后，铁损增加，使铁芯温度上升。   （　　）

42. 电力系统的静态稳定性，是指电力系统受到小的扰动后，能自动恢复到原始运行状态的能力。   （　　）

43. 动态稳定是指电力系统受到小的扰动（如负荷和电压较小的变化）后，能自动

恢复到原来运行状态的能力。 （　　）

44. 暂态稳定是指电力系统受到小的扰动后，能自动恢复到原来运行状态的能力。

（　　）

45. 由母线向线路送出有功功率 100MW，无功功率 100MW，电压超前电流的角度是 45°。 （　　）

46. 光伏组件方阵的设计，就是按照用户的要求和负载的用电量及技术条件计算太阳能电池板组件的串、并联数。 （　　）

47. 变压器和电动机的基本原理是电磁感应。 （　　）

48. 发电机只发有功功率，不发无功功率。 （　　）

49. 电流互感器一次绕组和二次绕组是按加极性缠绕的。 （　　）

50. 电压互感器将高电压按比例转换成低电压，电压互感器一次侧接在一次系统，二次侧接测量仪表、继电保护等。 （　　）

51. 当功率因数低时，电力系统中的变压器和输电线路的损耗将增大。 （　　）

52. 非线性误差是由反馈网络的负载效应引起的分压比的非线性，放大器使用的半导体器件引起的非线性以及量程引起的非线性造成的。 （　　）

53. 电压互感器按照工作原理分为电磁式、电容式和电子式。 （　　）

54. 电容式电压互感器的误差受到电源频率改变影响，可通过减小互感器所带负荷、分压电压及电容量之值的方式来减小频率特性带来的误差。 （　　）

55. 电容串联后可承受较高电压。 （　　）

56. 散射辐射是由太阳直接发出而没有改变投射方向的太阳辐射。 （　　）

57. 海拔对地表接收到的太阳总辐射量的影响主要是由于云量的变化。 （　　）

58. 异质结和同质结电池的区别在于是由一种半导体材料形成的 PN 结还是两种禁带宽度不同的半导体材料形成的结。 （　　）

59. 组件的伏安特性曲线是通过计算得到的。 （　　）

60. 依据 GB 50797—2012《光伏发电站设计规范》，组件接线盒中旁路二极管在并联应用的情况下，任何一个二极管都能承受接线盒的额定电流，并且不超出最大结点温度。 （　　）

61. 绝缘电阻指在绝缘上施加一直流电压时，此电压与出现的电流之比，通常绝缘电阻都是指稳态电阻。 （　　）

62. 沿面放电就是沿着固体介质表面气体中发生的放电。 （　　）

63. 交流铁芯绕组的电压、电流、磁通能同为正弦波。 （　　）

四、填空题

1. 光伏系统是一种利用太阳能电池半导体材料的光伏效应，将太阳光辐射能直接转换为电能的一种新型发电系统，有_____和并网运行两种方式。

2. 将若干个光伏组件在机械和电气上按一定方式组装在一起并且有固定的支撑结构而构成的发电单元称为_____或光伏阵列。

3. 虽然并联失配损失一般比串联失配损失小，但若单串的开路电压远低于其他组串工作电压，则该单串将成为_____而消耗能量，从而引起该串组件发热，同样会影响光伏系统安全经济运行。

4. 光伏发电系统中，_____是将直流电转换成交流电的设备。

5. 太阳能电池的工作原理为_____效应，在足够能量的光照射太阳电池表面时，在 PN 结内建电场的作用下 P 区的_____向 N 区运动，从而在电池片两极产生电势差。

6. 电气设备的对地绝缘分_____和_____，浸在油中部分的绝缘一般是_____。

7. 线损的大小与线路中电流的_____成正比。

8. 在纯电感电路中，电源与电感线圈只存在无功功率的交换，而不存在_____的消耗。

9. 组件衰减率是指光伏组件运行一段时间后，在标准测试条件下_____与_____的比值。

10. 光伏发电站通常在站内装设有_____，用来测量、监视电站及周边地区的环境温度、风速、风向、辐照度等气象数据。

11. 光伏组件按太阳能电池材料分类有_____、_____、_____三类。

12. 光伏组件串是指在光伏发电系统中，将若干个光伏组件_____后，形成具有一定直流输出电压的电路单元。

13. 光伏发电单元是指光伏发电站中，以一定数量的光伏组件串，通过_____多串汇集，经_____逆变与隔离升压变压器升压成符合电网频率和电压要求的电源。这种一定数量光伏组件串的集合称为光伏发电单元，又称为单元发电模块。

14. 光伏组件第 1 年衰减应在_____%以内，第 5 年在_____%以内，第 25 年在_____%以内。

15. 光伏组件吸收太阳光波长范围为_____nm，并主要集中在_____波段。

16. 电流互感器的容量常用_____表示。

17. 电压或电流波形偏离稳态工频正弦波形的现象称为_____。

18. 变压器型号为 ZGS11‐Z.G1000/35，其中，Z 代表_____，G 代表_____，S 代表_____，11 代表_____，1000 代表_____。

19. 在感性电路中电压_____电流，在容性电路中电压_____电流。

20. 对电介质施加直流电压时，由电介质的电导所决定的电流称为_____。

21. 为保证电力系统的安全运行，常将系统的_____接地，称为工作接地。

22. 大气过电压是由于_____引起的。

23. 在系统中性点_____方式时，接地故障电流最大。

24. 断路器最高工作电压是指_____。

25. 断路器分闸速度快慢影响_____能力。

26. 选择断路器遮断容量应根据其安装处_____来决定。

27. 电流互感器及电压互感器的一、二次线圈都设置了屏蔽以降低线圈间的_____。

28. 断路器非全相运行时，负序电流的大小与负荷电流的大小成_____。

五、简答题

什么是光生伏特效应？

六、计算题

1. 如图 1 所示，已知频率为 50Hz，电压表指示为 120V，电流表指示为 0.8A，功率表指示为 20W，求该线圈的电阻和电感。

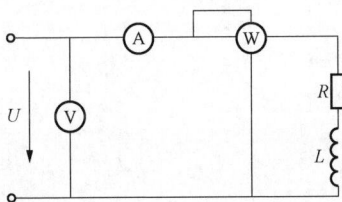

图 1　电路

2. 某三相变压器的二次侧电压为 400V，电流为 250A，已知功率因数为 0.866，求这台变压器的有功功率 P、无功功率 Q 和视在功率 S。

3. 已知某光伏组件标称参数为：$U_{oc}=45.4V$，$U_{mp}=37.2V$，$I_{sc}=8.61A$，$I_{mp}=7.93A$，组件长为1956mm，宽为992mm。在运行一段时间后经测试发现该组件 $U_{oc'}=43.82V$，$U_{mp'}=35.08V$，$I_{mp'}=7.57A$，$I_{sc'}=8.25A$。试求：（1）该组件出厂时光电转换效率 η；（2）运行一段时间后该组件的衰减率。

4. 已知控制电缆型号为 KVV29 - 500，回路最大负荷电流 $I_{Lmax}=2.5A$，额定电压 $U_N=220V$，电缆长度 $L=250m$，铜的电阻率 $\rho=0.0184\Omega \cdot mm^2/m$，导线的允许压降不应超过额定电压的 5%。求控制信号馈线电缆的截面积。

第三章　光伏发电站安全环保管理

一、单选题

1. 使用单梯子工作时，梯子与地面的斜角度为（　　）左右，梯子有人扶持，以防失稳坠落。

A. 40°　　　　　　B. 50°　　　　　　C. 60°　　　　　　D. 40°

2. 选用的手持电动工具必须具有国家认可单位发的"产品合格证"，使用前必须检查工具上贴有"检验合格证"标识，检验周期为（　　）个月。

A. 6　　　　　　B. 8　　　　　　C. 12　　　　　　D. 16

3. 在高压回路上工作，需要拆除部分接地线应征得（　　）或值班调度员的许可，工作完毕后立即恢复。

A. 站长　　　　B. 工作许可人　　　　C. 运行人员　　　　D. 工作负责人

4. 在一经合闸即可送电到（　　）的隔离开关操作把手上，应悬挂"禁止合闸，有人工作！"或"禁止合闸，线路有人工作！"的标示牌。

A. 检修地点　　B. 工作地点　　　　C. 工作现场　　　　D. 停电设备

5. 依据 GB 26860—2011《电力安全工作规程　发电厂和变电站电气部分》，（　　）指能关合、承载、开断运行回路正常电流，也能在规定时间内关合、承载及开断规定的过载电流（包括短路电流）的开关设备。

A. 变电站　　B. 断路器　　　　C. 隔离开关　　　　D. 熔断器

6. 在发现直接危及人身安全的紧急情况时，（　　）有权停止作业并组织人员撤离作业现场。

A. 各类作业人员　　　　　　　　B. 现场运行人员

C. 有关领导　　　　　　　　　　D. 现场负责人

7. 在电气设备上工作应有保证（　　）的制度措施，可包含工作申请、工作布置、书面安全要求、工作许可、工作监护，以及工作间断、转移和终结等工作程序。

A. 施工质量　　B. 安全　　　　C. 工期　　　　D. 技术

8. 在发现直接危及（　　）安全的紧急情况时，现场负责人有权停止作业并组织人员撤离作业现场。

  A. 设备   B. 电网   C. 人身   D. 操作

9. 工作票由设备运行维护单位签发或经设备运行维护单位审核合格并批准的其他单位签发。承发包工程中，工作票可实行(　　)签发形式。

  A. 第三方   B. 单方   C. 双方   D. 承包商

10. 非连续进行的事故修复工作应使用(　　)。

  A. 工作票   B. 事故检修单

  C. 电气带电作业工作票   D. 操作票

11. 工作许可后，工作负责人、专责监护人应向工作班成员交代工作内容和现场安全措施。工作班成员(　　)方可开始工作。

  A. 履行确认手续后   B. 检查好安全措施的布置后

  C. 熟悉工作流程后   D. 了解后

12. 依据 GB 26860—2011《电力安全工作规程　发电厂和变电站电气部分》，在大于规定设备不停电时的安全距离的相关场所和带电设备外壳上的工作以及(　　)，填用电气第二种工作票。

  A. 不可能触及带电设备导电部分的工作

  B. 带电作业

  C. 二次接线回路上的工作，无需将高压设备停电的

  D. 可能触及带电设备导电部分的工作

13. 依据 GB 26860—2011《电力安全工作规程　发电厂和变电站电气部分》，(　　)填用电气第一种工作票。

  A. 高压设备上工作不需要部分停电的

  B. 高压室内的二次接线和照明等回路上的工作，不需要将高压设备停电或做安全措施的

  C. 需要高压设备全部停电、部分停电或做安全措施的工作

  D. 高压室内的二次接线和照明等回路上的工作

14. 依据 GB 26860—2011《电力安全工作规程　发电厂和变电站电气部分》，人员工作中与 35kV 及以下设备带电部分的安全距离为(　　)。

  A. 1.0m   B. 0.70m   C. 0.60m   D. 0.35m

15. 当验明设备确无电压后，应立即将检修设备接地（装设接地线或合接地开关）并(　　)。电缆及电容器接地前应逐相充分(　　)，星形接线电容器的中性点应接地。

  A. 单相接地，放电   B. 短路，充电

C. 三相短路，放电　　　　　　　　　D. 三相短路，充电

16. （　　）设备可用与带电部分直接接触的绝缘隔板代替临时遮拦。

A. 10kV 及以下　B. 110kV 及以下　　C. 35kV 及以下　　D. 6kV 及以下

17. 事故紧急处理、（　　）、拉合断路器的单一操作，以及拉开全站仅有的一组接地开关或拆除仅有的一组接地线时，可不填用操作票。

A. 程序操作　　　B. 自动化操作　　　C. 单人操作　　　　D. 远方操作

18. 工作中应确保电流和电压互感器的二次绕组（　　）。

A. 应有永久性的保护接地　　　　　　B. 应有永久性的、可靠的保护接地

C. 应有且仅有一点保护接地　　　　　D. 应有两点的保护接地

19. 在未办理工作票终结手续以前，任何人员不准将停电设备（　　）。

A. 措施拆除　　　B. 措施变更　　　　C. 接地线拆除　　　D. 合闸送电

20. 在电气设备上进行全部停电或部分停电工作时，应向设备（　　）提出停电申请，由调度机构管辖的需事先向调度机构提出停电申请，同意后方可安排检修工作。

A. 变电站值班员　B. 运行维护单位　　C. 调度员　　　　　D. 厂家

21. 安全带上的标识不包括（　　）。

A. 生产日期　　　B. CE 标识　　　　C. EN 类别　　　　　D. 有效期

22. （　　）的工频电流可使人遭到致命电击。

A. 30mA　　　　　B. 50mA　　　　　C. 100mA　　　　　　D. 200mA

23. 在高压开关柜的手车开关拉至"检修"位置后，应确认（　　）已封闭。

A. 遮拦　　　　　B. 隔离挡板　　　　C. 动触头　　　　　D. 静触头

24. 在一经合闸即可送电到工作地点的断路器和隔离开关的操作把手上，均应悬挂（　　）的标示牌。

A. "禁止合闸，有人工作！"　　　　　B. "止步，高压危险！"

C. "在此工作！"　　　　　　　　　　D. "禁止攀登，高压危险！"

25. 在低压设备作业时，人体与带电体的安全距离不低于（　　）。

A. 0.1m　　　　　B. 0.35m　　　　　C. 0.6m　　　　　　　D. 0.15m

26. 根据 GB 26860—2011《电力安全工作规程　发电厂和变电站电气部分》，35kV 电压等级设备不停电时的安全距离为（　　）。

A. 0.7m　　　　　B. 1.0m　　　　　　C. 1.2m　　　　　　　D. 1.5m

27. 光伏发电站中属于电网调度管辖的设备，运行人员应按照（　　）操作。

A. 领导要求　　　B. 值长命令　　　　C. 调度指令　　　　D. 调度员要求

28. 光伏区阵列围栏上应张贴醒目的标示牌，其中"当心触电"标示牌应采用（　　）。

A. 白底，黑色正三角形及标志符号，衬底为黄色

B. 白底，红色正三角形及标志符号，衬底为黄色

C. 白底，黑色正三角形及标志符号，衬底为蓝色

D. 白底，红色正三角形及标志符号，衬底为蓝色

29. 高处作业应使用两端装有防滑套的合格的梯子，梯阶的距离不应大于（　　），并在距梯顶 1m 处设限高标志。

    A. 10cm　　　　　　B. 20cm　　　　　　C. 40cm　　　　　　D. 50cm

30. 应急照明可采用蓄电池作备用电源，其连续供电时间不应小于（　　）。

    A. 20min　　　　　B. 30min　　　　　C. 40min　　　　　D. 60min

31. 依据 GB/T 35694—2017《光伏发电站安全规程》的规定，雷雨、高温、（　　）级以上大风等恶劣天气不宜进行户外巡视和作业；对于具有跟踪系统的光伏发电站进行维护检修时应注意（　　）级以上大风天气不宜进行高处作业和起吊作业。

    A. 4 级，4 级　　B. 4 级，5 级　　C. 5 级，4 级　　D. 5 级，5 级

32. 油量为 2500kg 及以上的 110kV 屋外油浸变压器之间的最小间距为（　　）。

    A. 6m　　　　　　B. 7m　　　　　　C. 8m　　　　　　D. 9m

33. 下列标示牌颜色为白底，红色圆形斜杠，黑色禁止标志符号，字体为黑字的是（　　）。

    A. "禁止攀登，高压危险"　　　　　B. "禁止翻越"

    C. "从此进出"　　　　　　　　　　D. "雷雨天气，禁止靠近"

34. 电容型验电器工频耐压要求：启动电压不高于额定电压的（　　），不低于额定电压的（　　）。

    A. 45%，10%　　B. 40%，15%　　C. 30%，15%　　D. 40%，10%

35. 登高作业应使用两端装有防滑套的合格的梯子，梯阶的距离不应大于 40cm，并在距梯顶（　　）处设限高标志。

    A. 1m　　　　　　B. 1m　　　　　　C. 1.2m　　　　　D. 1.2m

36. 选用的手持电动工具必须具有国家认可单位发的"产品合格证"，使用时必须接在装有动作电流不大于（　　），一般型（无延时）的剩余电流动作保护器的电源上，并不得提着电动工具的导线或转动部分使用，严禁将电缆金属丝直接插入插座内使用。

    A. 20mA　　　　　B. 10mA　　　　　C. 40mA　　　　　D. 30mA

37. 10kV 及以下电气设备不停电的安全距离为（　　）。

    A. 0.35m　　　　　B. 0.7m　　　　　C. 1m　　　　　　D. 1.5m

38. SF_6 设备工作区空气中 SF_6 气体含量不得超过（　　）。

    A. 500μL/L　　　B. 1000μL/L　　　C. 1500μL/L　　　D. 2000μL/L

39. 电缆在进、出设备处的部位应封堵完好，不应存在直径大于（　　　）的孔洞，否则用防火堵泥封堵。

A. 10mm　　　　　B. 20mm　　　　　C. 15mm　　　　　D. 5mm

40. 遇有电气设备着火时，应立即将有关设备的（　　　），然后进行救火。

A. 保护停用　　　B. 电源切断　　　C. 开关断开

41. 光伏电站设备、消防器材等设施应在（　　　）时进行检查。

A. 维护　　　　　B. 使用　　　　　C. 交接班　　　　D. 巡视

42. 运维人员进行检查、维护工作时应不少于（　　　）。

A. 2 人　　　　　B. 3 人　　　　　C. 4 人　　　　　D. 5 人

43. 造成 10 人以上、30 人以下死亡，或者 50 人以上、100 人以下重伤，或者 5000 万元以上、1 亿元以下直接经济损失的事故，构成（　　　）。

A. 特别重大事故　B. 重大事故　　　C. 较重大事故　　D. 一般事故

44. 光伏发电站"禁止"安全标志牌一般为（　　　）颜色。

A. 绿色　　　　　B. 红色　　　　　C. 黄色　　　　　D. 黑色

45. 光伏发电站"警告"安全标志牌，基本形式是：长方形衬底牌，上方是（　　　）形警告标志，下方为矩形补充标志。

A. 圆形　　　　　B. 方形　　　　　C. 正三角　　　　D. 倒三角

46. 单人值班不得单独从事（　　　）工作。

A. 巡视　　　　　B. 修理　　　　　C. 检查

47. 使用绝缘电阻表测量高压设备绝缘，至少应由（　　　）人担任。

A. 1　　　　　　　B. 2　　　　　　　C. 3

48. 工作人员进入 SF_6 配电装置室，必须先通风（　　　），并用检漏仪测量 SF_6 气体含量。

A. 5min　　　　　B. 10min　　　　　C. 15min　　　　　D. 20min

49. 一个工作负责人只能同时发给（　　　）工作票。

A. 一张　　　　　B. 两张　　　　　C. 实际工作需要

50. 对企业发生的事故，坚持（　　　）原则进行处理。

A. "预防为主"　　B. "四不放过"　　C. "三同时"

51. 新工人的三级安全教育是指（　　　）、车间教育和班组教育。

A. 启蒙教育　　　B. 厂级教育　　　C. 礼仪教育

52. 电流通过人体最危险的途径是（　　　）。

A. 左手到右手　　　　　　　　　　　B. 左手到脚
C. 右手到脚　　　　　　　　　　　　D. 左脚到右脚

53. 恶性电气误操作是指有下列情形中的（　　）。

A. 误（漏）拉合断路器

B. 错误下达继电保护以及安全自动装置定值或者错误下达其投、停命令

C. 带电挂（合）接地线或接地开关

D. 人员误动、误碰设备

54. 在运行方式上和倒闸操作过程中，应避免用带断口电容器的断路器切带电磁式电压互感器的空载母线，以防止（　　）损坏设备。

A. 工频过电压　　　B. 操作过电压　　　　C. 谐振过电压　　　　D. 雷电过电压

55. 油断路器发生火灾时，应切断其（　　）进行灭火。

A. 前一级的断路器电源　　　　　　　　B. 后一级的断路器电源

C. 两侧前后一级的断路器电源　　　　　D. 断路器电源

56. 使用绝缘棒进行操作时（　　）。

A. 应戴绝缘手套，穿绝缘靴

B. 因绝缘棒是绝缘的，可以不戴绝缘手套

C. 只穿绝缘靴就可以操作

57. 安全电流为（　　）以下。

A. 10mA　　　　　B. 30mA　　　　　　C. 100mA　　　　　D. 1A

58. 生产经营单位生产、经营、运输、储存、使用危险物品或者处置废弃危险物品，必须执行有关法律、法规和国家标准或者行业标准，建立专门的（　　），采取可靠的安全措施，接受有关主管部门依法实施的监督管理。

A. 安全管理制度　　　　　　　　　　B. 信息管理制度

C. 管理制度　　　　　　　　　　　　D. 操作规程

59. 生产经营单位应当建立健全并落实生产安全事故隐患排查治理制度，采取技术、管理措施，及时发现并消除事故隐患。事故隐患排查治理情况应当如实记录，并通过职工大会或者职工代表大会、信息公示栏等方式向从业人员通报。其中，重大事故隐患排查治理情况应当及时向负有安全生产监督管理职责的（　　）和职工大会或者职工代表大会报告。

A. 团体　　　　　B. 职能部门　　　　　C. 部门　　　　　D. 机构

60. 生产经营单位不得以任何形式与从业人员订立（　　），免除或者减轻其对从业人员因生产安全事故伤亡依法应承担的责任。

A. 契约　　　　　B. 条约　　　　　　C. 合同　　　　　　D. 协议

61. 生产经营单位的从业人员有权了解其作业场所和工作岗位存在的危险因素、防范措施及事故应急措施，有权对本单位的安全生产工作提出（　　）。

A. 批评　　　　B. 抗议　　　　C. 建议　　　　D. 异议

62. 从业人员有权对本单位安全生产工作中存在的问题提出批评、检举、控告；有权拒绝(　　)和强令冒险作业。

A. 违章指挥　　B. 领导指挥　　C. 风险作业　　D. 危险作业

63. 生产经营单位与(　　)订立的劳动合同，应当载明有关保障从业人员劳动安全、防止职业危害的事项，以及依法为从业人员办理工伤保险的事项。(　　)

A. 职工　　　　B. 劳动者　　　C. 从业人员　　D. 员工

64. 属于国家规定的高危行业、领域的生产经营单位，应当投保(　　)。具体范围和实施办法由国务院应急管理部门会同国务院财政部门、国务院保险监督管理机构和相关行业主管部门制定。

A. 重大隐患灾害保险　　　　　　B. 安全生产责任保险

C. 安全生产事故保险　　　　　　D. 工伤保险

65. 生产经营项目、场所发包或者出租给其他单位的，生产经营单位应当与承包单位、承租单位签订专门的(　　)，或者在承包合同、租赁合同中约定各自的安全生产管理职责；生产经营单位对承包单位、承租单位的安全生产工作统一协调、管理，定期进行安全检查，发现安全问题的，应当及时督促整改。

A. 安全管理合同　　　　　　　　B. 安全协议

C. 安全生产协议　　　　　　　　D. 安全生产管理协议

66. 在电力电缆接头两侧及相邻电缆(　　)长的区段，应施加防火涂料或防火包。

A. 1～2m　　　B. 2～3m　　　C. 3～4m　　　D. 4～5m

67. 为了保障人身安全，将电气设备正常情况下不带电的金属外壳接地称为(　　)。

A. 工作接地　　B. 保护接地　　C. 工作接零　　D. 保护接零

二、多选题

1. 作业人员的基本条件，具备必要的(　　)，熟悉(　　)。

A. 电气知识　　　　　　　　　　B. 电气设备接线情况

C. 业务技能　　　　　　　　　　D. 电气设备及其系统

2. 在检修工作前应进行工作布置，明确(　　)、作业环境、工作方案和书面安全要求，以及工作班成员的任务分工。

A. 工作地点　　B. 工作任务　　C. 工作负责人　　D. 安全措施

3. 在电气设备上工作应有保证安全的制度措施，可包含(　　)、工作监护，以及工作间断、转移和终结等工作程序。

A. 书面安全要求　　　　　　　　B. 工作布置

C. 工作许可　　　　　　　　　　D. 工作申请

21

4. 检修工作结束以前，若需将设备试加工作电压，应按（　　）要求进行。

A. 全体工作人员撤离工作地点

B. 收回该系统的所有工作票，拆除临时遮拦、接地线和标示牌，恢复常设遮拦

C. 会同工作负责人在工作票上分别确认、签名

D. 应在工作负责人和运行人员全面检查无误后，由运行人员进行加压试验

5. 工作许可人的安全职责有（　　）。

A. 确认所派工作负责人和工作班人员适当、充足

B. 确认工作票所列安全措施正确完备，符合现场条件

C. 确认工作现场布置的安全措施完备，确认检修设备无突然来电的危险

D. 对工作票所列内容有疑问，应向工作票签发人询问清楚，必要时应要求补充

6. 工作许可人在完成施工作业现场的安全措施后，还应完成（　　）的手续。

A. 会同工作负责人到现场再次检查所做的安全措施

B. 对工作负责人指明带电设备的位置和注意事项

C. 会同工作负责人在工作票上分别确认、签名

D. 在工作现场全程监护工作班成员作业

7. 工作负责人（监护人）的安全职责有（　　）。

A. 正确、安全地组织工作

B. 确认工作票所列安全措施正确、完备，符合现场实际条件，必要时予以补充

C. 工作前向工作班全体成员告知危险点，督促、监护工作班成员执行现场安全措施和技术措施

D. 工作后确认工作必要性和安全性

8. 检修现场满足（　　）条件，工作负责人可以参加工作班工作。

A. 全部停电

B. 部分停电，且易碰带电部分

C. 部分停电，人员分散在不同的工作地点

D. 部分停电，并且安全措施可靠，人员集中在一个工作地点，不致误碰带电部分

9. 作业现场的基本条件有（　　）。

A. 作业现场的生产条件、安全设施、作业机具和安全工器具等应符合国家或行业标准规定的要求

B. 各类作业人员应被告知其作业现场存在的危险因素、防范措施及事故紧急处理措施

C. 经常有人工作的场所及施工车辆上宜配备急救箱，存放急救用品，并指定专人检查、补充或更换

D. 安全工器具和劳动防护用品在使用前应确认合格、齐备

10. 下列工作中，（　　）可不填用操作票。

A. 事故紧急处理

B. 程序操作

C. 拉（合）断路器的单一操作

D. 拉开全站仅有的一组接地开关或拆除仅有的一组接地线

11. 在低压配电装置和低压导线上工作时，应采取措施防止（　　）。

A. 相间短路　　　B. 漏电　　　　　　C. 接地短路　　　　　D. 感应电压

12. 二次系统上的工作内容包括（　　）。

A. 继电保护

B. 安全自动装置

C. 仪表和自动化监控等系统及其二次回路

D. 在通信复用通道设备上运行、检修及试验

13. 测量设备绝缘电阻应（　　）。

A. 将被测量设备各侧断开，验明无电压

B. 确认设备无人工作，方可进行

C. 在测量中不应让他人接近被测量设备

D. 测量前后，应将被测设备对地放电

14. （　　）应根据现场的安全条件、施工范围、工作需要等具体情况，增设专责监护人并确定被监护的人员。

A. 工作许可人　　　B. 工作负责人　　　　C. 跟班领导　　　　　D. 工作票签发人

15. 《防止电力生产事故的二十五项重点要求（2023 版）》中，防人身伤亡事故的重点是防范（　　）。

A. 触电　　　　　　　　　　　　　B. 高处坠落、物体打击

C. 机器伤害　　　　　　　　　　　D. 灼烫伤

16. 在带电的电压互感器的二次回路上工作时，严格防止（　　）。

A. 短路　　　　B. 接地　　　　　　C. 开路

17. 成套接地线应（　　）。接地线必须应使用专用的线夹固定在导体上，严禁用缠绕的方法进行接地或短路。

A. 用有透明护套的多股软铜线组成

B. 其截面积不得小于 25mm^2

C. 应满足装设地点短路电流的要求

D. 禁止使用其他导线作接地线或短路线

E. 接地线在每次装设前应经过详细检查

18. 操作设备应具有明显的标识，包括（　　　）。

A. 命名　　　　　　B. 编号　　　　　　C. 分合指示　　　　　　D. 旋转方向

E. 切换位置及设备相色

19. 作业人员应被告知其作业现场存在的（　　　）。

A. 危险因素　　　　　　　　　　　B. 电气设备接线情况

C. 防范措施　　　　　　　　　　　D. 事故应急处理措施

E. 安全注意事项

20. 工作票签发人的安全职责包括 （　　　）。

A. 确保工作必要性和安全性

B. 审查安全措施是否符合实际

C. 审查工作票上所填安全措施是否正确完备

D. 审查所派工作负责人和工作班人员是否适当和充足

21. 保证安全的技术措施规定，当验明设备确无电压后，接地前（　　　）。

A. 电缆及电容器接地线应逐相充分放电

B. 装在绝缘支架上的电容器外壳也应放电

C. 星形接线电容器的中性点应放电

D. 串联电容器及与整组电容器脱离的电容器应逐个多次放电

22. 有下列指示 （　　　） 之一者，禁止在设备上工作。

A. 表示设备断开的信号指示有电

B. 允许进入间隔的信号指示有电

C. 反映不停电设备电压的电压表指示有电

D. 反映检修设备电压的电压表指示有电

23. 下列情况中（　　　）可以不填用操作票。

A. 事故处理

B. 事故后调整运行方式

C. 寻找直流系统接地，或摇测绝缘

D. 变压器、消弧线圈分接头的调整

24. 为做好防止全厂停电事故，各单位必须有经批准的事故保厂用电措施、（　　　）
和有零启动方案。

A. 有 400V 及以上重要动力电缆防火管理制度

B. 有直流系统熔断器管理制度，做到分级配置

C. 有单机保安全运行措施

D. 有公用系统运行管理制度

25. 安全技术劳动保护措施计划制订和实施的重点是（   ）。

A. 防止重大设备事故   B. 防止误操作事故

C. 改善劳动条件   D. 防止人身伤亡

26. 若需变更或增设安全措施，应符合（   ）的要求。

A. 由工作负责人征得工作班成员同意   B. 在工作票上增填安全措施

C. 填用新的工作票   D. 重新履行工作许可手续

27. 在光伏发电站投运使用前，应编制（   ）等各类突发事件应急预案，并定期进行应急救援知识的培训和预案的演练。

A. 自然灾害类   B. 事故灾难类

C. 公共卫生事件类   D. 交通事故

E. 社会安全事件

28. 发生带负荷误合隔离开关操作时，（   ）的操作是错误的。

A. 缓慢合入   B. 迅速拉开   C. 迅速合入   D. 缓慢拉开

29. 为防止电缆绝缘击穿事故，应根据（   ）等合理选择电缆和附件结构型式。

A. 线路输送容量   B. 系统运行条件

C. 电缆路径   D. 敷设方式

30. 下列关于在 SF_6 电气设备上的工作，描述错误的是（   ）。

A. 不应在 SF_6 设备防爆膜附近停留

B. 设备解体检修中，应对 SF_6 气体进行检验，并采取安全防护措施

C. 室内设备充装 SF_6 气体时，周围环境相对湿度应不大于60%

D. 设备内的 SF_6 气体不应向大气排放，应采取净化装置回收

E. 工作前应先检测含氧量（不低于16%）和 SF_6 气体含量（不超过 $1000\mu L/L$）

31. 外单位人员和临时用工进入光伏发电站作业，应经现场（   ），了解现场（   ）后，方可参加指定的工作。

A. 安全教育和培训   B. 佩戴劳动防护用品

C. 设备运行情况   D. 注意事项

32. GB 26860—2011《电力安全工作规程　发电厂和变电站电气部分》规定，电气操作方式有（   ）。

A. 就地操作   B. 遥控操作   C. 程序操作   D. 通信操作

33. 若以下设备同时停、送电，可填用一张电气第一种工作票的是（   ）。

A. 属于同一电压等级、位于同一平面场所，工作中不会触及带电导体的几个电气连接部分

B. 一台变压器停电检修，其断路器也配合检修

C. 全站停电

D. 同一平面场所低压电动机检修

34. 凡从事电气操作、电气检修和维护的人员必须经（　　）培训并合格方可上岗。

A. 专业技术　　　　　B. 触电急救　　　　　C. 登高作业　　　　　D. 法律法规

35. 下列关于接地的说法，正确的是（　　）。

A. 装、拆接地线导体端应使用绝缘棒，人体不应碰触接地线

B. 可能送电至停电设备的各侧都应接地

C. 若使用分相式接地线时，应设置三相合一的接地端

D. 接地线截面积不应小于 $16mm^2$

E. 应先装接地端，后装接导体端

36. GB/T 35694—2017《光伏发电站安全规程》规定，光伏发电站的（　　）应满足与主体工程同时设计、同时施工、同时投入生产和使用的要求，方可投入运行。

A. 安全设施　　　　　　　　　　　　B. 消防设施

C. 防治污染措施　　　　　　　　　　D. 职业病危害防护设施

37. GB 26860—2011《电力安全工作规程　发电厂和变电站电气部分》规定，下列各项工作中可以不用操作票的是（　　），但应在上述操作完成后记入操作记录簿内。

A. 事故紧急处理

B. 拉合断路器（开关）的单一操作

C. 日常消缺

D. 拉开接地开关或拆除全厂（所）仅有的一组接地线

E. 程序操作

38. 关于高压设备不停电的安全距离，下列选项正确的是（　　）。

A. 10kV 及以下（13.8kV）：0.70m　　　　B. 20～35kV：1.00m

C. 60～110kV：1.50m　　　　　　　　　　D. 220kV：2.00m

39. 低压带电作业时，对人员、工具的要求有（　　）。

A. 低压带电作业应设专人监护

B. 使用有绝缘柄的工具，工作时站在干燥的绝缘物上进行

C. 戴手套和安全帽，必须穿长袖工作服。

D. 严禁使用锉刀、金属尺和带有金属物的毛刷、毛掸等工具

40. 不停电工作是指（　　）。

A. 高压设备部分停电，但工作地点完成可靠安全措施，人员不会触及带电设备的工作

B. 可在带电设备外壳上或导电部分上进行的工作

C. 高压设备停电

D. 工作本身不需要停电并且不可能触及导电部分的工作

41. 在电气设备上工作，保证安全的技术措施由（　　）执行。

A. 运行人员   B. 有权执行操作的人员

C. 检修人员   D. 设备管理人员

42. 为防止全厂停电事故，应优先采用正常的（　　）的运行方式，因故改为非正常运行方式时，应事先制定安全措施，并在工作结束后尽快恢复正常运行方式。

A. 母线   B. 厂用系统   C. 电力系统   D. 热力公用系统

43. 允许用隔离开关进行的操作有（　　）。

A. 系统无接地时，拉开、合上电压互感器

B. 无雷电时，拉开、合上避雷器

C. 拉开、合上中性点接地开关，当中性点上有消弧线圈时，只有在系统没有接地故障时才能进行

44. 电气设备中高压电气设备是指（　　）。

A. 设备对地电压在 1000V 及以上的   B. 设备对地电压在 1000V 以下的

C. 6～10kV 电气设备   D. 110kV 电气设备

45. 为防止静电产生静电火花，引起火灾，常用方法有（　　）。

A. 绝缘   B. 接地   C. 安全用具   D. 加静电消除器

46. 电压表、携带型电压互感器及其他高压测量仪器的接线和拆卸无需断开高压回路的，可以带电工作，但（　　）。

A. 导线长度应尽可能缩短，不准有接头

B. 应连接牢固，以防接地和短路

C. 必要时用绝缘物加以固定

D. 应使用耐高压的绝缘导线

47. 雷雨天气，需要巡视室外高压设备时，应穿绝缘靴，并不得靠近（　　）。

A. 互感器   B. 避雷针   C. 避雷器   D. 构架

48. 接地线的编号和存放应符合的要求有（　　）。

A. 存放位置应编号   B. 每组接地线均应编号

C. 存放在固定地点   D. 接地线号码与存放位置号码应一致

49. 倒闸操作的接、发令要求有（　　）。

A. 发令人和受令人应先互报单位和姓名

B. 使用规范的调度术语和设备双重名称

C. 发布指令应准确、清晰

D. 发布指令的全过程和听取指令的报告时双方都要录音并做好记录

50. 线路开关跳闸后，有些情况不得立即强送，必须查明跳闸原因，属于这类情况的是（　　）。

A. 发现有故障象征

B. 线路有带电作业

C. 低周减载装置动作

D. 开关遮断容量不能满足一次重合要求

E. 全电缆线路

51. 安全设备的（　　），应当符合国家标准或者行业标准。

A. 设计与制造　　　B. 安装与使用　　　C. 检测与维修　　　D. 改造与报废

52. 生产经营单位的安全生产责任制应当明确各岗位的（　　）等内容。

A. 责任人员　　　B. 责任范围　　　C. 考核标准　　　D. 岗位标准

53. 生产经营单位应当具备《中华人民共和国安全生产法》和有关法律、行政法规和（　　）规定的安全生产条件。

A. 国家标准　　　B. 行业标准　　　C. 企业标准　　　D. 岗位标准

54. 生产经营单位应当教育和督促从业人员严格执行本单位的安全生产规章制度和安全操作规程，并向从业人员如实告知作业场所和工作岗位存在的（　　）。

A. 危险因素　　　B. 防范措施　　　C. 事故应急措施　　　D. 责任追究力度

三、判断题

1.《防止电力生产事故的二十五项重点要求》中，调度自动化系统的主要设备应采用冗余配置，互为热备用，服务器的存储容量和中央处理器负载应满足相关规定要求。

（　　）

2. GB 26860—2011《电力安全工作规程　发电厂和变电站电气部分》中规定，高压设备发生接地时，室外不得接近故障点 4m 以内。　　　　　　　　　　　（　　）

3. GB 26860—2011《电力安全工作规程　发电厂和变电站电气部分》中规定，停电拉闸操作必须按照断路器—母线侧隔离开关—负荷侧隔离开关的顺序依次操作，送电合闸操作应按与上述相反的顺序进行。严防带负荷拉合隔离开关。　　（　　）

4. GB 26860—2011《电力安全工作规程　发电厂和变电站电气部分》中规定，验电时，必须用电压等级合适而且合格的验电器，在检修设备进、出线两侧各相分别验电。验电前，应先在有电设备上进行试验，确证验电器良好。　　　　　　（　　）

5. GB 26860—2011《电力安全工作规程　发电厂和变电站电气部分》中规定，在电气设备上工作，保证安全的组织措施有：工作票制度、工作许可制度、工作监护制度。

( )

6. GB 26860—2011《电力安全工作规程 发电厂和变电站电气部分》中规定，在一经合闸即可送电到工作地点的断路器和隔离开关的操作把手上，均应悬挂"禁止合闸，有人工作！"的标示牌。 ( )

7. GB 50797—2012《光伏发电站设计规范》中规定，当控制电缆或通信电缆与电力电缆敷设在同一电缆沟内时，宜采用防火槽盒或防火隔板进行分隔。 ( )

8. 安全带的试验周期是 6 个月。 ( )

9. 安全组织措施作为保证安全的制度措施之一，包括工作票、工作许可、验电、监护和终结等。 ( )

10. 安装接地线要先装导体端，后装接地端。 ( )

11. 不论高压设备带电与否，值班人员不得单独移开或越过遮栏进行工作。 ( )

12. 操作后应检查各相的实际位置，无法观察实际位置时，可通过间接方式确认该设备已操作到位。 ( )

13. 常规的防污闪措施有：增加爬距，加强清扫，采用硅油、地蜡等涂料。 ( )

14. 从业人员发现直接危及人身安全的紧急情况时，有权停止作业或者在采取可能的应急措施后撤离作业场所。 ( )

15. 当误合闸或合闸于故障电路产生弧光时应将断路器或隔离开关立即断开。

( )

16. 低压设备停电、验电后，无法实施接地措施时，可采取加锁、挂牌或绝缘遮蔽等措施，必要时派人看守。 ( )

17. 电动机启动装置的外壳可以不接地。 ( )

18. 电缆安装完毕后及时装设标示牌，终端头、中间接头、隧道及竖井的两端、人井内，以及电缆隧道内每 40m 安装一个。 ( )

19. 电缆不应在过负荷的状态下运行，电缆的铅包不应出现膨胀、龟裂现象。

( )

20. 电缆夹层、控制柜、开关柜等处的电缆孔洞，必须用绝热材料严密封闭。

( )

21. 电缆竖井和电缆沟应分段做防火隔离，对敷设在隧道和厂房内构架上的电缆要采取分段阻燃措施。 ( )

22. 电气设备事故停电后工作人员可以进入遮栏内检查设备。 ( )

23. 电压互感器停用前，应将二次回路主熔断器或自动开关断开，以防止电压反送。

( )

24. 断路器只有在检修过程中，才允许就地手动操作。　　　　　　（　）

25. 凡从事电气操作、电气检修和维护的人员必须经专业技术培训、触电急救培训并考试合格方可上岗。带电作业人员应经专门安全作业培训，考试合格并经单位批准。

（　）

26. 高处作业人员必须经职业健康体检合格（检查周期为 1 年），凡患有不适宜高处作业的疾病者不得从事高处作业。　　　　　　　　　　　　　　（　）

27. 高压电气设备应具有防止误操作闭锁功能，必要时加挂机械锁。　（　）

28. 各单位应定期对从业人员进行安全技术培训。生产作业人员安全作业技能培训每年不得少于 30h，以提高安全技术防护能力。　　　　　　　　（　）

29. 工作票的有效时间，以批准的检修期为限。　　　　　　　　　（　）

30. 国家对在改善安全生产条件、防止生产安全事故、参加抢险救护等方面取得显著成绩的单位和个人，给予奖励。　　　　　　　　　　　　　（　）

31. 汇流箱检修工作结束后，必须检查汇流箱内部，看是否有其他东西落入，以免送电引起短路，确认无误后方可送电。　　　　　　　　　　　（　）

32. 汇流箱检修需停电的必须做停电处理，验明无电后方可开始工作。（　）

33. 检修工作结束以前，若需将设备试加工作电压，全体工作人员应撤离工作地点。

（　）

34. 检修汇流箱内部时应将汇流箱输入、输出端全部断开，取下熔断器，在直流柜侧挂"在此工作"标示牌。　　　　　　　　　　　　　　（　）

35. 检修汇流箱输出至直流柜段时，除断开断路器取下熔断器外，还应将相应的直流柜空气断路器断开，验明无电后方可工作。　　　　　　　　　（　）

36. 开工前工作票内的全部安全措施可以分步做完。　　　　　　　（　）

37. 雷雨天巡视室外高压设备时，应穿绝缘靴，并不得靠近避雷器和避雷针。

（　）

38. 生产厂房内外的电缆，在进入控制室、电缆夹层、控制柜、开关柜等处的电缆孔洞，必须用防火材料严密封闭。　　　　　　　　　　　　　（　）

39. 生产经营单位必须为从业人员提供劳动防护用品，并监督、教育从业人员按照使用规则佩戴、使用。　　　　　　　　　　　　　　　　　（　）

40. 生产经营单位必须依法参加工伤保险，从业人员可自行缴纳保险费。（　）

41. 生产经营单位发生生产安全事故后，应当及时采取措施救治有关人员。因生产安全事故受到损害的从业人员，除依法享有工伤保险外，依照有关民事法律尚有获得赔偿的权利的，有权提出赔偿要求。

42. 生产经营单位可以因从业人员在紧急情况下停止作业或者采取紧急撤离措施而

降低其工资、福利等待遇或者解除与其订立的劳动合同。　　　　　（　　）

43. 生产经营单位使用被派遣劳动者的，不必对被派遣劳动者进行岗位安全操作规程、安全操作技能的教育和培训。　　　　　　　　　　　　　　　（　　）

44. 消防控制室与电站主控制室应分开设置。　　　　　　　　　　（　　）

45. 严禁无票操作、擅自修改操作票、擅自解除高压电气设备的防误操作闭锁装置，严禁带接地线（接地开关）合断路器（隔离开关），严禁带电挂（合）接地线（接地开关）和带负荷拉（合）隔离开关，严禁误入带电间隔。　　　　　（　　）

46. 因工作需要加装的个人保安线，不需记录在工作票上，个人保安接地线由工作人员自装自拆。　　　　　　　　　　　　　　　　　　　　　　（　　）

47. 因邻近带电设备或工作地段有邻近、平行、交叉跨越及同杆塔架设带电线路，导致检修设备（线路）可能产生感应电压时，应加装工作接地线或使用个人保安线。

　　　　　　　　　　　　　　　　　　　　　　　　　　　　　　（　　）

48. 应急管理部门应当按照分类分级监督管理的要求，制订安全生产年度监督检查计划，并按照年度监督检查计划进行监督检查，发现事故隐患，应当及时处理。（　　）

49. 在倒闸操作中发生疑问时，可先操作完后再向值班负责人报告，弄清问题后，将错误操作的设备改正过来。　　　　　　　　　　　　　　　　　（　　）

50. 在电气设备上工作，应有停电、验电、工作票、工作监护等保证安全的技术措施。　　　　　　　　　　　　　　　　　　　　　　　　　　　　（　　）

51. 只要工作地点不在一起，一个工作负责人可以发两张工作票。　　（　　）

52. 装设接地线必须先接接地端，后接导体端，且必须接触良好。　　（　　）

四、填空题

1. 控制室、开关室、计算机室等通往电缆夹层、隧道、穿越楼板、墙壁、柜、盘等处的所有电缆孔洞和盘面之间的缝隙（含电缆穿墙套管与电缆之间缝隙）必须采用合格的_____材料封堵。

2. 运行设备外绝缘的爬距，原则上应与_____相适应，不满足的应予以调整，受条件限制不能调整爬距的应有主管防污闪领导签署的明确的防污闪措施。

3. 电气设备停电后，即使是事故停电，在未拉开有关隔离开关和做好_____以前，不得_____，以防突然来电。

4. 需要高压设备全部停电、部分停电或做安全措施的工作，填用电气_____工作票，在大于设备不停电时的安全距离的相关场所和带电设备外壳上的工作及不可能触及带电设备导电部分的工作，填用电气_____工作票。

5. 测量绝缘电阻时，应将设备各侧_____，验明无压，确认设备_____，方可进行。在测量中不应让他人接近被测量设备。测量前后，应将被测设备_____。

6. 停电操作应按照_____—负荷侧隔离开关—_____的顺序依次进行，送电合闸操作按相反的顺序进行。不应带负荷拉合_____。

7. 电气设备必须装设保护_____，不得将接地线接在金属管道上或其他金属构件上。

8. 严禁_____操作及擅自解除高压电气设备的防误操作闭锁装置，严禁带_____（接地开关）合断路器（隔离开关）及带_____合（拉）隔离开关，严禁误入_____间隔。

9. 电缆竖井和电缆沟应分段做_____，对敷设在隧道和主控室或厂房内构架上的电缆要采取_____措施。

10. 电气倒闸操作时，严格执行调度命令，操作时不允许改变_____，当操作产生疑问时，应立即_____，并报告调度部门，不允许随意修改操作票，不允许_____。

11. 测量网侧电压和相序时必须佩戴_____。

12. 所谓运用中的电气设备，是指_____带有电压或_____带有电压及_____带有电压的电气设备。

13. 拉开汇流箱熔断器操作时，应先拉开_____，后拉开_____。合熔断器操作时_____。

14. 绝缘手套的检验周期是_____个月。

15. 生产经营单位必须遵守本法和其他有关安全生产的法律、法规，加强安全生产管理，建立健全_____和安全生产规章制度，加大对安全生产资金、物资、技术、人员的投入保障力度，改善安全生产条件。

16. 生产经营单位应当建立_____制度，按照安全风险分级采取相应的管控措施。

17. 从业人员在作业过程中，应当严格落实_____，遵守本单位的安全生产规章制度和操作规程，服从管理，正确佩戴和使用劳动防护用品。

18. 生产经营单位的_____是本单位安全生产第一责任人，对本单位的安全生产工作全面负责。

19. 安全生产工作实行管行业必须管安全、_____必须管安全、_____必须管安全，强化和落实生产经营单位主体责任与政府监管责任，建立生产经营单位负责、职工参与、政府监管、行业自律和社会监督的机制。

20. 国家实行生产安全事故责任追究制度，依照《安全生产法》和有关_____、_____的规定，追究生产安全事故责任单位和责任人员的法律责任。

21. 生产经营单位应当在有较大危险因素的生产经营场所和有关设施、设备上，设置明显的_____。

22. 不许用_____拉合负荷电流和接地故障电流。

23. 电气工作人员对本规程应每年考试一次。因故间断电气工作连续_____以上者，必须重新温习本规程，并经_____合格后，方能恢复工作。

24. 经企业领导批准允许单独巡视高压设备的值班员和非值班员，巡视高压设备时，不得_____其他工作，不得_____。

25. 高压设备发生接地时，室内不得接近故障点_____以内，室外不得接近故障点_____以内。进入上述范围人员必须穿_____，接触设备的外壳和架构时，应戴_____。

26. 工作人员工作中正常活动范围与10kV及以下带电设备的安全距离是_____m。

27. 在发生人身触电事故时，为了解救触电人，可以不经许可，即行断开有关设备的_____，但事后必须立即报告上级。

五、简答题

1. 工作许可人在完成施工作业现场的安全措施后，还应完成哪些手续？

2. 低压回路停电工作时，应采取哪些安全措施？

3. 设备检查中，哪些情况应该停电？

4. 在工作票停电范围内增加工作任务时，应如何处理？

5. 在电气设备上工作，保证安全的组织措施是什么？

6. 在电气设备上工作，保证安全的技术措施是什么？

六、案例分析题

1. 某电站检修班职工刁某带领张某检修 380V 直流焊机。电焊机修后进行通电试验良好，并将电焊机本体开关断开。刁某安排工作组成员张某拆除电焊机二次线，自己拆除电焊机一次线。随后，刁某蹲着身子拆除电焊机电源线中间接头，在拆完一相后，拆除第二相的过程中触电，经抢救无效死亡。请分析事故原因，并提出防范措施。

2. 某日下午 3 时许，某厂变电站运行值班员接班后，312 油断路器大修负责人提出申请要结束检修工作，而值班长临时提出要试合一下 312 油断路器上方的 3121 隔离开关，检查该隔离开关贴合情况。于是，值班长在没有拆开 312 油断路器与 3121 隔离开关之间的接地保护线的情况下，擅自摘下了 3121 隔离开关操作把柄上的已接地警告牌和挂锁，进行合闸操作。突然轰的一声巨响，强烈的弧光迎面扑向蹲在 312 油断路器前的大修负责人和实习值班员，2 人被弧光严重灼伤。请分析事故原因，并提出防范措施。

3. 某运维班在 110kV 某变电站执行将 35kV 华Ⅱ线 3502 断路器运行转冷备用的操作时，造成 35kV 华Ⅰ线 3501 断路器误分闸。35kV 华Ⅰ线运行于Ⅰ母线。运维班值班员正在执行将 35kV 华Ⅱ线 3502 断路器由运行转为冷备用的操作票。请分析事故原因，并提出防范措施。

第四章 光伏发电站一次系统与储能技术

一、单选题

1. 变压器中性点应有（　　）与主接地网不同地点连接的接地引下线，且每根接地引下线均应符合热稳定的要求。

　　A. 两根　　　　　B. 三根　　　　　C. 四根　　　　　D. 一根

2. 测量变压器绝缘电阻的吸收比来判断绝缘状况，加压时的绝缘电阻表示为（　　）。

　　A. R15″/R60″　　B. R60″/R15″　　C. R15″/R80″　　D. R80″/R15″

3. 为了消除多断口超高压断路器各断口的电压分布不均，改善灭弧性能，一般在断路器各断口上加装（　　）。

　　A. 并联均压电容　　　　　　　　B. 均压电阻

　　C. 均压环　　　　　　　　　　　D. 高阻抗电感元件

4. 变压器励磁涌流的衰减时间为（　　）。

　　A. 1.5～2s　　　B. 0.5～1s　　　C. 3～4s　　　D. 4.5～5s

5. 对于 110kV（66kV）及以上新建、改建变电站，在中性或酸性土壤地区，接地装置选用（　　）为宜。

　　A. 热镀锌钢　　B. 铜质材料　　C. 铜覆钢　　D. 扁钢

6. 测得某单片太阳电池填充因子为 77.3%，开路电压为 0.62V，短路电流为 5.24A，测试输入功率为 15.625W，则此太阳电池的光电转换效率为（　　）。

　　A. 16.07%　　　B. 15.31%　　　C. 16.92%　　　D. 14.83%

7. 室内设备充装 SF_6 气体时，周围环境相对湿度应不大于（　　），同时应开启通风系统，避免 SF_6 气体泄漏到工作区。

　　A. 50%　　　　B. 60%　　　　C. 80%　　　　D. 85%

8. 在变压器高、低压绕组绝缘纸筒端部设置角环，是为了防止端部绝缘发生（　　）。

　　A. 电晕放电　　B. 辉光放电　　C. 沿面放电　　D. 局部放电

9. 国家规定变压器绕组允许温升（　　）的根据是以 A 级绝缘为基础的。

A. 60℃　　　　　　B. 65℃　　　　　　C. 70℃　　　　　　D. 80℃

10. 下列跟踪系统的跟踪精度符合规定的是（　　）。

A. 单轴跟踪系统跟踪精度不应低于±5°

B. 双轴跟踪系统跟踪精度不应低于±5°

C. 线聚焦跟踪系统跟踪精度不应低于±2°

D. 点聚焦跟踪系统跟踪精度不应低于±1°

11. 根据 GB 50797—2012《光伏发电站设计规范》，箱式变压器选型中，当采用户外布置时，沿海防护等级应达到（　　），风沙大的光伏发电站防护等级应达到（　　）。

A. IP54，IP20　　B. IP25，IP54　　　C. IP65，IP54　　　D. IP68，IP68

12. 根据 GB 50797—2012《光伏发电站设计规范》，集中敷设于沟道、槽盒中的电缆宜选用（　　）类阻燃电缆。

A. A 类　　　　　　B. B 类　　　　　　C. C 类　　　　　　D. 以上都不对

13. 根据 GB 50797—2012《光伏发电站设计规范》，接入（　　）及以上电压等级的大、中型光伏发电站应配置相量测量单元。

A. 35kV　　　　　　B. 66kV　　　　　　C. 110kV　　　　　　D. 220kV

14. 变压器空载时一次绕组中有（　　）流过。

A. 负载电流　　B. 空载电流　　　C. 冲击电流　　　D. 短路电流

15. 断路器分闸速度快慢影响（　　）。

A. 灭弧能力　　B. 合闸电阻　　　C. 消弧片　　　D. 分闸阻抗

16. 在变压器中性点装设消弧线圈的目的是（　　）。

A. 提高电网电压水平　　　　　B. 限制变压器故障电流

C. 补偿电网接地时的电容电流　　D. 以上都不对

17. T 接于公用电网的中型光伏发电站总容量宜控制在所接入的公用电网线路最大输送容量的（　　）。

A. 25%　　　　　　B. 30%　　　　　　C. 50%　　　　　　D. 100%

18. 根据 GB 50797—2012《光伏发电站设计规范》，海拔在（　　）高原地区使用的逆变器，应选用高原型（G）产品或采取降容使用措施。

A. 2500m　　　　　　　　　　B. 2000m 及以上

C. 1500m　　　　　　　　　　D. 2000m 以上

19. 根据 GB 50797—2012《光伏发电站设计规范》，在跟踪系统的运行过程中，光伏方阵组件串的最下端与地面的距离不宜（　　）。

A. 小于 300mm　　　　　　　　B. 大于 300mm

C. 小于 500mm   D. 小于 200mm

20. 根据 GB 50797—2012《光伏发电站设计规范》，单轴跟踪系统跟踪精度不应低于（   ）。

A. ±3°   B. ±10°   C. −5°～+7°   D. ±5°

21. 根据 GB 50797—2012《光伏发电站设计规范》，生产建筑物底层地面标高，宜高出室外地面设计标高（   ），并应根据地质条件计入建筑物沉降的影响。

A. 100mm   B. 150～300mm   C. 350mm   D. 400mm

22. GB 50797—2012《光伏发电站设计规范》适用于新建、扩建或改建的并网光伏发电站和峰值功率（   ）的独立光伏发电站。

A. 1MW 及以上   B. 100kW 及以上   C. 50kW 及以上   D. 100kW 以上

23. 光伏发电站上网电量可按 $E_p = H_A \times \dfrac{P_{AZ}}{E_S} \times K$ 计算，其中 E_S 指（   ）。

A. 标准条件下辐照度   B. 组件安装容量

C. 上网电量   D. 综合效率系数

24. 光伏逆变器常用的冷却方式有 （   ）。

A. 自然风冷   B. 水冷   C. 强风冷   D. 油浸风冷

25. 太阳能电池单体是用于光电转换的最小单元，其工作电压约为（   ），工作电流为 20～25mA/cm²。

A. 400～500mV   B. 100～200mV   C. 200～300mV   D. 800～900mV

26. 光伏方阵的（   ）接地线与防雷系统之间的过电压保护装置功能应有效，其接地电阻应符合相关规定。

A. 监视   B. 控制系统

C. 功率调节设备   D. 以上三个选项均包括

27. 检验柜、屏、台、箱、盘间线路的线间和线对地间绝缘电阻值，馈电线路必须大于（   ）；二次回路必须大于（   ）。

A. 0.5MΩ，1MΩ   B. 1MΩ，0.5MΩ

C. 1MΩ，1MΩ   D. 1MΩ，0.2MΩ

28. 逆变器中有一个器件相当于人的大脑，它完成了对控制和保护功能，这个器件是（   ）。

A. 显示屏   B. 功率单元   C. 主控板   D. 驱动板

29. 电抗器的作用是 （   ）。

A. 储能   B. 滤波   C. 变压   D. 变流

30. 预合闸电阻的作用是（   ）。

A. 降低电压　　　B. 缓冲　　　　　C. 放电　　　　　D. 电压检测

31. 光伏发电站采用（　　）发电量最高。

A. 固定支架　　　　　　　　　　B. 斜单轴支架

C. 双轴跟踪支架　　　　　　　　D. 可调整倾斜角度的固定支架

32. 并网光伏发电站主要构成部分不包括（　　）。

A. 光伏组件　　　B. 汇流箱　　　　C. 逆变器　　　　D. 蓄电池

33. 单晶体硅太阳能电池理论极限转换效率为（　　）。

A. 29%　　　　　B. 27%　　　　　C. 24%　　　　　D. 40.7%

34. 断路器的开断容量应根据（　　）选择。

A. 发电机的容量　　　　　　　　B. 变压器的容量

C. 运行中的最大负荷　　　　　　D. 安装地点可能出现的最大短路电流

35. 多晶硅组件需保证使用（　　），功率衰减不超过20%。

A. 1年　　　　　B. 2年　　　　　C. 5年　　　　　D. 25年

36. 发电厂接于220kV双母线上有三台及以上变压器，则不应有（　　）。

A. 一台变压器中性点直接接地

B. 两台变压器中性点直接接地

C. 三台变压器中性点直接接地

37. 选择断路器遮断容量应根据安装（　　）来决定。

A. 变压器的容量　　　B. 最大负荷　　　C. 最大短路电流　　　D. 最大电压

38. 采购设备时需遵循一些原则，最后参考的原则是（　　）。

A. 尽可能选取同一厂家的产品，保持设备互联性、协议操作性、技术支持等

B. 尽可能保留原有网络设备的投资，减少资金浪费

C. 强调先进性，重新选用技术最先进、性能最高的设备

D. 选择性能价格比高、质量过硬的产品，使资金的投入产出达到最大值

39. 对运行（　　）的变压器应进行油中糠醛含量测定，来确定绝缘老化程度，必要时可取纸样做聚合度测定。

A. 10年及以上　　　B. 12年及以上　　　C. 15年及以上　　　D. 20年及以上

40. 接地装置腐蚀比较严重的发电厂、升压站宜采用（　　）的接地网。

A. 银质材料　　　B. 铜质材料　　　C. 镀锌材料　　　D. 镀银材料

41. 断路器的跳闸辅助触点应在（　　）接通。

A. 合过程中，合闸辅助触点断开后

B. 合闸过程中，动、静触头接触前

C. 合闸终结后

42. 断路器液压机构中的压力表指示的是( )压力。

A. 液体　　　　　　B. 氧气　　　　　　C. 空气

43. 绝缘等级为 F 级的变压器允许最高极限温度为 ( )。

A. 140℃　　　　　　B. 155℃　　　　　　C. 165℃　　　　　　D. 190℃

44. 接触器在工作时通断较为频繁,因此在开断触点处安装( )。

A. 简易灭弧装置　B. 过电压保护　　　C. 欠电压保护　　　D. 互锁保护

45. 电力电缆的正常工作电压不应超过额定电压的( )。

A. 5%　　　　　　　B. 10%　　　　　　C. 15%　　　　　　D. 20%

46. 油浸风冷式变压器风扇故障时,变压器允许带负荷为额定容量的( )。

A. 65%　　　　　　　B. 70%　　　　　　C. 75%　　　　　　D. 80%

47. 光伏发电站送出线路是从( )至( )的输电线路。

A. 主变压器高压侧分接头,公共连接点

B. 主变压器低压侧分接头,公共连接点

C. 并网点,公共连接点

D. 逆变器交流侧,公共连接点

48. 集中逆变器采用的功率器件是 ( )。

A. IGBT　　　　　　B. MOSFET　　　　　C. 碳化硅管　　　　D. SBD

49. 汇流箱柜体的接地端子应以横截面积不小于( )的多股铜线与接地母线相连。

A. 2mm²　　　　　　B. 4mm²　　　　　　C. 8mm²　　　　　　D. 10mm²

50. 汇流箱内部的电路与裸露导线部件之间的绝缘电阻不小于 ( )。

A. 500Ω/V　　　　　B. 1000Ω/V　　　　C. 2000Ω/V　　　　D. 3000Ω/V

51. 支持绝缘子加装均压环,由于( )的原因,可提高闪络电压。

A. 改善电极附近电场分布　　　　　B. 增大电极面积

C. 减小支持绝缘子两端电压　　　　D. 减小绝缘子两端的平均电场强度

52. 中性点经消弧线圈接地是为了( )。

A. 根除电弧过电压　　　　　　　　B. 限制电弧过电压

C. 不发生接地故障　　　　　　　　D. 限制接地故障次数

53. ( )用于发电厂、变电所防护雷电侵入波过电压和操作过电压。

A. 避雷器　　　　　B. 避雷线　　　　　C. 断路器并联电阻　D. 避雷针

54. 升压站配电装置构架上避雷针的集中接地装置应与主接地网连接,且该连接点距 10kV 及以下设备与主接地网连接点沿接地极的长度不应小于( )。

A. 100m　　　　　　B. 50m　　　　　　C. 30m　　　　　　D. 15m

55. 全绝缘变压器是指( )。

A. 整个变压器是用绝缘物支起来的

B. 变压器外壳内部无裸露金属

C. 变压器的中性点绝缘水平与首端绝缘水平相同

D. 变压器的中性点绝缘水平与首端绝缘水平不相同

56. 避雷针高度在 30m 以下与保护半径成 (　　) 关系。

A. 正比　　　　　B. 反比　　　　　C. 不变　　　　　D. 没有

57. 避雷器的计数器与避雷器本体的接地端 (　　) 连接。

A. 串联　　　　　B. 并联　　　　　C. 混联　　　　　D. 无

二、多选题

1. 隔离开关是指在分位置时，触头间有符合规定要求的(　　)和明显的(　　)；合位置时，能承载正常回路条件下的电流及在规定时间内异常条件下的电流的开关设备。

A. 绝缘距离　　B. 安全距离　　C. 隔离点　　D. 断开标志

2. 光伏方阵采用固定式布置时，最佳倾角宜符合的要求有 (　　)。

A. 应结合站址当地的多年平均辐照度、直射分量辐照度、散射分量辐照度、风速、雨水、积雪等进行设计

B. 对于并网光伏发电系统，倾角宜使光伏方阵的倾斜面上受到的全年辐照量最大

C. 对于独立光伏发电系统，倾角宜使光伏方阵的最低辐照度月份倾斜面上受到较大的辐照量

D. 对于有特殊要求或者土地成本较高的光伏发电站，可根据实际需要，经技术经济比较后确定光伏方阵的设计倾角和阵列行距

3. 光伏方阵内光伏组件串的最低点距离地面的距离不应低于 300mm，并考虑以下因素(　　)。

A. 当地的最大积雪深度　　　　　　B. 当地的洪水水位

C. 植被高度　　　　　　　　　　　D. 山坡的坡度

4. GB 50797—2012《光伏发电站设计规范》规定，对太阳辐射观测数据应依据日天文辐射量等进行合理性检验，观测数据应符合下列要求 (　　)。

A. 总辐射最大辐照度小于 $2kW/m^2$　　B. 总辐射最大辐照度小于 $1367kW/m^2$

C. 日总辐射量小于可能的日总辐射量　　D. 散射辐射数值小于总辐射数值

5. GB 50797—2012《光伏发电站设计规范》规定，独立光伏发电站配置的储能系统容量应根据 (　　) 条件来确定。

A. 当地日照条件　　　　　　　　B. 连续阴雨天数

C. 负载的电能需要　　　　　　　D. 所配储能电池的技术特性

6. GB/T 29321—2012《光伏发电站无功补偿技术规范》规定，光伏发电站并网逆变

器应具有多种控制模式，包括（　　）控制等，具备根据运行需要手动、自动切换模式的能力。

  A. 恒电压   B. 恒功率因数   C. 恒无功功率   D. 恒电流

7. 光伏发电站常用的钢制地锚可以分为（　　）。

  A. 无外伸叶片   B. 连续螺旋叶片

  C. 双层螺旋叶片   D. 间断多层螺旋叶片

8. 光伏发电站运行评价的内容应包括（　　）。

  A. 太阳能资源 B. 电量、能耗   C. 设备可利用率   D. 设备可靠性

9. 局部等电位连接应包括（　　）。

  A. 防雷装置的接地引下线   B. 薄壁钢管的外皮

  C. 公用设施的金属管道   D. 建筑物金属结构

10. 电力一次系统是构成电力系统的主体，由（　　）的各种设备所构成。

  A. 间接生产电能 B. 直接生产电能   C. 输送电能   D. 分配电能

11. 下列关于 GIS 的描述，正确的是（　　）。

  A. 两个隔室间如采用短接排相连，至少要有两处以上的连接点，外壳三相短接线应确保只有一处引至地网

  B. 接地开关快速接地开关和避击器的接地线应直接引入地网，不可通过设备构支架形成接地回路

  C. 均衡三相外壳感应电流的相间导流（短接）排不可接地也不能通过设备构支架形成回路

  D. 外壳构架等的相互电气连接应采用紧固连接

12. 降低土壤电阻率的方法有（　　）。

  A. 换土   B. 填充降阻剂

  C. 设置缓释型离子接地装置   D. 设置接地模块

13. 升压站接地网的接地电阻大小与（　　）有关。

  A. 土壤电阻率 B. 接地网面积   C. 站内设备数量   D. 接地体尺寸

三、判断题

1. 发现发电厂和变电站升压站有系统接地故障时，可以测量接地网的接地电阻。

                  （　　）

2. 光伏发电站 35kV 电缆终端头、中间接头应严格按照安装图纸规定的尺寸、工艺要求制作并经电气试验合格，电缆附件的安装应实行全过程验收。投运后应定期检查电缆终端头及接头温度、放电痕迹和机械损伤等情况。   （　　）

3. 变压器的损失分两部分，一部分是铁损，与负荷有关，与电压无关；一部分是铜

损，与负荷无关，与电压有关。 （　　）

4. 光伏发电站站用备用变压器的容量可按小于工作变压器容量设计。 （　　）

5. 封闭式开关柜必须设置压力释放通道。 （　　）

6. 在中性点直接接地的电网中，大约 85% 的故障是接地短路。 （　　）

7. 220kV 主变压器低压侧引线采用电缆连接时，宜采用三芯电缆。 （　　）

8. 变压器储油柜的容积一般为变压器容积的 10% 左右。 （　　）

9. 室外汇流箱应有防腐、防锈、防暴晒等措施，汇流箱箱体的防护等级不低于 IP34。 （　　）

10. 接地线与接地极的连接应用焊接，接地线与电气设备的连接可用螺栓或者焊接。 （　　）

11. GB/T 19939—2005《光伏系统并网技术要求》规定，当光伏系统中逆变器的输出大于其额定输出的 50% 时，平均功率因数应不小于 0.9（超前或滞后）。 （　　）

12. GB/T 19939—2005《光伏系统并网技术要求》中，光伏系统并网运行（仅对三相输出）时，电网接口处的三相电压不平衡度不应超过 GB/T 15543 规定的数值，允许值为 2%，短时不得超过 4%。 （　　）

13. 变压器铁芯可以多点接地。 （　　）

14. 隔离开关可以切无故障电流。 （　　）

15. 变比不相同的变压器不能并列运行。 （　　）

16. 变压器瓦斯保护反映该保护的作用及保护范围是相同的。 （　　）

17. 强迫油循环风冷变压器冷却装置投入的数量应由变压器温度、负荷来决定。 （　　）

18. 串联电容器和并联电容器一样，可以提高功率因数。 （　　）

19. 变压器在空载时一次绕组中仅流过励磁电流。 （　　）

20. 安装并联电容器的目的，一是改善系统的功率因数，二是调整网络电压。 （　　）

21. 在西北等干旱地区采用电缆直埋敷设时，可不做阻燃要求。 （　　）

22. GB/T 29319—2024《光伏发电系统接入配电网技术规定》规定，光伏发电系统的设备宜满足相应电压等级的电气设备耐压标准。 （　　）

23. 带负荷调压变压器充油调压开关，也应装设瓦斯保护。 （　　）

24. GB/T 19939—2005《光伏系统并网技术要求》中，由于电压畸变会导致更严重的电流畸变，使得谐波的测试很麻烦。注入谐波电流应包括任何由未连接光伏系统的电网上的谐波电压畸变引起的谐波电流。 （　　）

25. 使用金属边框的光伏组件，边框可以不接地。 （　　）

26. 一台变压器空载合闸时，与之并联运行的变压器不可能出现涌流现象。（　）

27. 铁芯饱和后，磁通扩散到周围的空间，使漏磁场增强，靠近铁芯的绕组导线油箱壁以及金属构件，由于漏磁场而产生涡流损耗，使这部位发热，引起高温，严重时会造成局部变形和损伤周围的绝缘介质。（　）

28. 铁磁谐振或 LC 谐振不会导致电力系统中发电机和变压器过励磁。（　）

29. 当发电机的轴承绝缘击穿时，轴电流将损害轴承和其他部件，其损害程度取决于轴电流的大小。（　）

30. 输电线路采用串联电容补偿，可以增加输送功率、改善系统稳定性及电压水平。（　）

31. 我国采用的中性点工作方式有：中性点直接接地、中性点经消弧线圈接地和中性点不接地三种。（　）

32. 在我国，系统零序电抗 X_0 与正序电抗 X_1 的比值是大接地电流系统与小接地电流系统的划分标准。（　）

33. 我国 66kV 及以下电压等级的电网中，中性点采用中性点不接地方式或经消弧线圈接地方式的系统被称为小电流接地系统。（　）

34. 中性点经消弧线圈接地系统普遍采用全补偿运行方式，即补偿后电感电流等于电容电流。（　）

35. 中性点经消弧线圈接地系统不采用欠补偿和全补偿的方式，主要是为了避免造成并联谐振和铁磁共振引起过电压。（　）

36. 对小接地电流系统，当频率降低时，过补偿和欠补偿都会引起中性点过电压。（　）

37. 空载长线路充电时，末端电压会升高，这是由于对地电容电流在线路自感电抗上产生了电压降。（　）

38. 采用液压机构的断路器若泄压，其压力闭锁接点接通的顺序为闭锁重合、闭锁合闸、闭锁分闸及总闭锁。（　）

39. 单母线接线方式可以分段，也可以带旁路母线，适用于出线较少、电压等级不太高的场合。（　）

40. 架空地线光缆与架空地线结合，既可避雷又能有效传输信息，随输电线路一起建成，可降低综合造价，优点突出。（　）

41. 系统中无功功率不足时，电压偏低。（　）

42. 系统中有功功率不足时，频率偏低。（　）

43. 变压器空载时，二次绕组没有电流流过。（　）

44. 变压器油可用于断路器，但断路器的油不能用于变压器。（　）

45. 变压器油温在正常负荷和冷却条件下上升超过15℃或上层油温不断上升，负荷和温度表计均正常，且变压器室的通风情况良好，则认为变压器内部故障，应将变压器停电检修。 （　　）

46. 变压器如因大量漏油致油位迅速下降，应将重瓦斯保护改投信号，迅速查明原因，必要时停电处理，采取堵漏措施并加油。 （　　）

47. 如果互感器表面污秽严重，有污闪可能，或瓷质部分裂纹明显，可等停电机会处理。 （　　）

48. 架空电力线路是输送、分配电能的主要通道和工具。 （　　）

49. 敷设长度在250m内的电缆不应有接头。 （　　）

50. 在非隔离型光伏逆变器中，变压器将电能转化为磁能，再将磁能转化为电能。 （　　）

51. 输出电压限制了非隔离型光伏逆变器的MPPT控制范围。 （　　）

52. 介质表面电阻不均匀及介质表面粗糙会畸变电场分布，使闪络电压降低。 （　　）

53. 变压器油中溶解气体组分主要为H_2、C_2H_2时，故障类型是油中火花放电。 （　　）

54. 复合绝缘子及外套应定期进行绝缘表面的憎水性试验。 （　　）

55. 一般而言，吸收比越大，被试品的绝缘性越好。 （　　）

56. 气体绝缘的最大优点是击穿后，外加电场消失，绝缘状态很快恢复。 （　　）

57. 弧光接地过电压存在于任何形式的电力接地系统中。 （　　）

58. 吸收比是指电流衰减过程中的两个瞬间测得的两个电流值或两个相应的绝缘电阻值之比。 （　　）

59. 雷电放电产生的雷电流会引起巨大的电磁效应、机械效应和热效应。 （　　）

60. 防雷接地电阻值应该越小越好。 （　　）

61. 升压站直击雷防护的主要装置是避雷针。 （　　）

62. 确定电气设备绝缘水平时不考虑谐振过电压。 （　　）

63. 氧化锌避雷器具有改善陡坡响应的特点。 （　　）

64. 变压器的运行电压一般不应高于该运行分接额定电压的105%。 （　　）

65. 变压器内的绝缘油是起灭弧作用。 （　　）

66. 双绕组变压器的分接开关装在高压侧。 （　　）

67. 变压器过负荷运行时可以调节有载调压装置的分接开关。 （　　）

68. 变压器中性点接地属于工作接地。 （　　）

69. 变压器油温越高，因氧化作用使油的劣化速度越慢。 （　　）

四、填空题

1. GB 50797—2012《光伏发电站设计规范》规定，储油设施内应铺设卵石层，其厚度不应小于_____mm，卵石直径宜为_____。

2. GB 50797—2012《光伏发电站设计规范》规定，光伏发电站的无功补偿装置应按电力系统无功补偿_____和便于_____的原则配置。

3. 根据 GB/T 19964—2012《光伏发电站接入电力系统技术规定》，通过 35kV 及以上电压等级接入电网的光伏发电站，其升压站的主变压器应采用_____变压器。

4. 根据 Q/GDW 617—2011《光伏电站接入电网技术规定》，通过光伏发电站接入电网的电压等级，光伏发电站可分为小型、中型或大型。其中，中型光伏发电站指通过_____电压等级接入电网的光伏发电站。

5. 根据 Q/GDW 617—2011《光伏电站接入电网技术规定》，光伏电站的无功功率和电压调节的方式包括调节_____，调节无功补偿设备投入量，调整光伏发电站_____等。

6. GB/T 19939—2005《光伏系统并网技术要求》中，根据光伏系统是否允许通过供电区的变压器向高压电网送电，分为_____和_____两种并网方式。

7. 光伏发电站无功补偿装置配置应根据电站实际情况，如_____、安装形式、_____、送出线路长度、接入电网情况等，进行无功电压研究后确定。

8. 光伏发电站设计应对站址所在地的区域_____基本状况进行分析，并对相关的_____和气候特征进行适应性分析。

9. 组件失配分为_____失配和_____失配。

10. 在一定条件下，串联的组件中被遮挡的组件容易产生_____，会严重破坏电池组件。通过设计_____可有效避免热斑效应对组件的负面影响。

11. 光伏发电系统接地按类别可分为_____、_____和_____。

12. 内部防雷可分为_____防雷、_____防雷两种。

13. 低压并联电容器参数选择时应满足：总容量一般在变压器容量的_____以下。

14. 采用分裂导线能有效减小输电线路的_____，从而改变线路参数。

15. 变压器内的绝缘油用于_____、_____、_____。

16. 多用于干式变压器测量绕组温度的是_____温度计。

17. 变压器无励磁开关 35kV 及以上一般为_____挡，调压范围为_____%。

18. GB 50797—2012《光伏发电站设计规范》规定，低纬度地区宜安装_____跟踪系统。

19. 避雷针（带）与引下线之间的连接应采用_____方式。

20. 发电厂、变电所电气装置的外壳接地属于_____。

21. 输电线路采用串联_____补偿，可以增加输送功率、改善系统的稳定性及电压水平。

22. 输电线路空载时，其末端电压比首端电压_____。

五、简答题

1. 简述光伏组件横装与竖装对发电量的影响。

2. GB 50797—2012《光伏发电站设计规范》对跟踪系统的设计要求有哪些？

3. 光伏支架基础上作用的荷载主要有哪些？其中哪种荷载起控制作用？

4. 光伏发电站太阳能资源分析宜包括哪些内容？

5. 用于光伏发电站的储能电池宜根据哪些条件进行选择？

六、计算题

1. 某 100MW 光伏发电站一天的上网电量是 40 万 kWh，当天的日辐射量是 18MJ/m²。求该光伏发电站当天的综合系统系数 K。

2. 某地区计划建设一座 40MW 并网型光伏发电站，分成 40 个 1MW 发电单元，经过逆变、升压、汇流后，由 4 条汇集线路接至 35kV 配电装置，再经 1 台主变压器升压至 110kV，通过一回 110kV 线路接入电网，接线如图 1 所示。

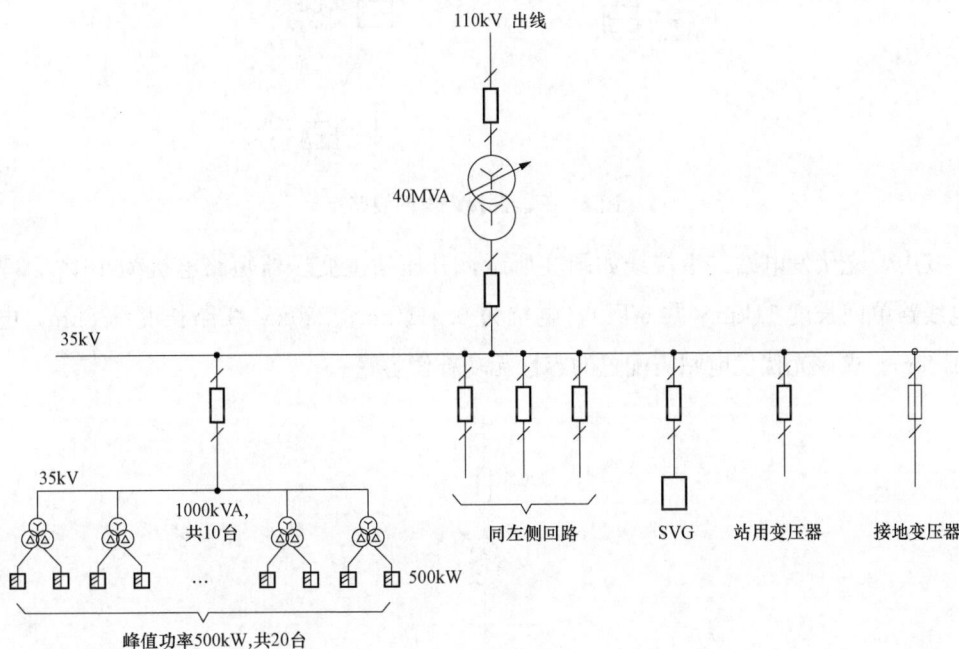

图 1

电池组件安装角度为 32°时，光伏组件效率为 87.64%，低压汇流及逆变器效率为 96%，接受的年水平太阳能总辐射量为 1584kWh/m²，综合效率系数为 0.7，求该电站年发电量。

3. 某省规划建设新能源基地，包括四座风电场和两座地面太阳能光伏发电站，其中风电场总发电容量 1000MW，均装设 2.5MW 风机；光伏发电站总发电容量 350MW。风电场和光伏发电站均接入 220kV 汇集站，由汇集站通过 2 回 220kV 线路接入就近 500kV 变电站的 220kV 母线。各电源发电同时率为 0.8。具体接线如图 2 所示。

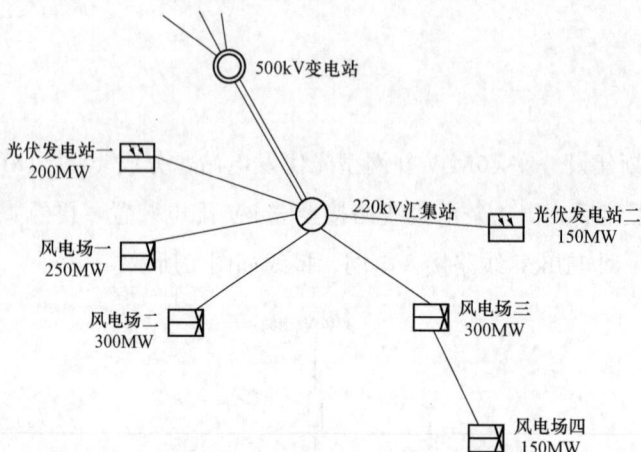

图 2　新能源接入电网线路

其中，光伏发电站二主接线如图 3 所示，升压站主变压器短路电抗为 16%，35kV 集电线路单回长度 11km（共 6 回），电抗为 0.4Ω/km；220kV 线路长度约 8km，电抗 0.3Ω/km。求该光伏发电站需配置的容性无功补偿容量。

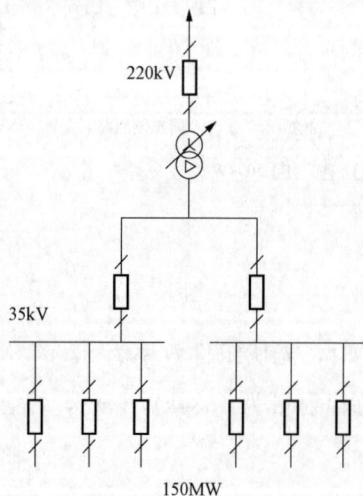

图 3　光伏发电站二升压站主接线

4. 某光伏发电工程光伏电池组件选用 250W 多晶硅电池板，开路电压 35.9V，最大功率时电压 30.10V，开路电压的温度系数为－0.32％/℃，温度变化范围为－35～85℃，电池片设计温度为 25℃，逆变器最大直流输入电压为 900V。求光伏方阵中光伏组件串的电池串联数。

5. 某光伏发电站装机容量为 100MW，投产时间是 2021 年 12 月 31 日。假设该电站组件安装倾斜面年平均累计辐照量为 5600MJ/m²，电站综合效率为 0.83。组件为单晶硅常规组件，首年衰减率为 3％，以后每年衰减率为 0.7％，尺寸为 2094mm×1038mm×35mm。求该光伏发电站 2022～2024 年每年的上网电量。

6. 固定式布置的光伏方阵，在冬至日当天太阳时 9：00～15：00 不被遮挡的间距如图 4 所示，其中阵列倾斜面长度 L 为 2.3m，阵列倾斜角 β 为 30°，当地纬度 Φ 为 30°。求两阵列的距离 D（$\sin 30° = 1/2$，$\cos 30° = \dfrac{\sqrt{3}}{2}$，$\tan 30° = \dfrac{\sqrt{3}}{3}$，$\sqrt{3} = 1.732$）。

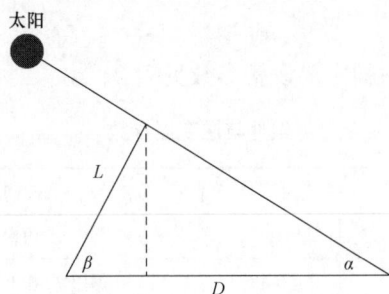

图 4　光照角与组件倾角示意

7. 某地面光伏发电站拟采用表 1 所列光伏组件和逆变器，项目安装地点光伏组件的极限高温 t'、极限低温 t 分别为 +65℃ 和 −20℃。求光伏组件串的最大串数及建议串数范围。

表 1　　　　　　　　　　　　　　　组件与逆变器参数

光伏组件		逆变器	
最大功率（P_{max}）	530W	最大输入电压	1500V
最佳工作电压（U_{mp}）	40.56V	满载 MPPT 电压范围	860～1300V
最佳工作电流（I_{mp}）	13.07A	额定输入电压	1080V
开路电压（U_{oc}）	49.26V	最大效率	99.01%
短路电流（I_{sc}）	13.71A	中国效率	98.52%
组件效率	20.55%		
开路电压（U_{oc}）的温度系数	−0.28%/K		
组件工作电压的温度系数	−0.35%/K		

8. 在一次针对光伏发电站逆变器的检测过程中，检测人员测得某型号逆变器多个功率负载点的实测值为 $\eta_{5\%} = 94.23\%$，$\eta_{9\%} = 95.12\%$，$\eta_{10\%} = 95.67\%$，$\eta_{14\%} = 95.44\%$，$\eta_{21\%} = 97.23\%$，$\eta_{27\%} = 97.41\%$，$\eta_{31\%} = 97.55\%$，$\eta_{42\%} = 97.71\%$，$\eta_{52\%} = 97.92\%$，$\eta_{60\%} = 97.99\%$，$\eta_{73\%} = 98.96\%$，$\eta_{80\%} = 98.82\%$，$\eta_{91\%} = 98.52\%$，$\eta_{97\%} = 98.77\%$。求该逆变器的近似中国加权平均效率。

9. 某 10MW 光伏发电站的主要设备参数见表 2。

表 2　　　　　　　　　　　　　　　组件与逆变器参数

光伏电池	参数	并网逆变器	参数
峰值功率 P（W）	165	功率（kW）	250
短路电流 I_{sc}（A）	7.82	MPPT 电压工作范围（V）	450～880
开路电压 U_{oc}（V）	39.2	最大电压 U_{dcmax}（V）	1000
峰值电压 U_{mp}（V）	28.5	频率（Hz）	50
峰值电流 I_{mp}（A）	7.02	逆变器温度范围（℃）	−40～85
工作电压 U_{pm}（V）	29.8	工作电压 U_{dc}（V）	600
额定工作温度 T_{np}（℃）	45	关断电压 U_{dcoff}（V）	150

续表

光伏电池	参数	并网逆变器	参数
最高耐受电压 U_{max}（V）	1000	打开电压 U_{dcon}（V）	188
开路电压温度系数 K_V	$-0.34\%/℃$	最大电流 I_{dcmax}（A）	22
工作电压温度系数 K'_V	$-0.32\%/℃$	逆变器效率	95%
工作条件下的极限低温 T_{min}（℃）	-18	工作条件下的极限高温 T_{max}（℃）	55

求在极端低温下光伏组件最大串联数量 N。若 $N=21$ 个，校验其是否满足逆变器输入电压的要求。

10. 西北地区新建一座峰值功率 40MW 并网型光伏发电站，且电站附近拟建一个风电场。光伏发电站分成 40 个峰值功率 1MW 发电单元，经过逆变、升压、汇流后，有 4 条汇集线路接至 35kV 配电装置，再经过一台主变压器升压至 110kV，通过 110kV 线路并网，如图 5 所示。

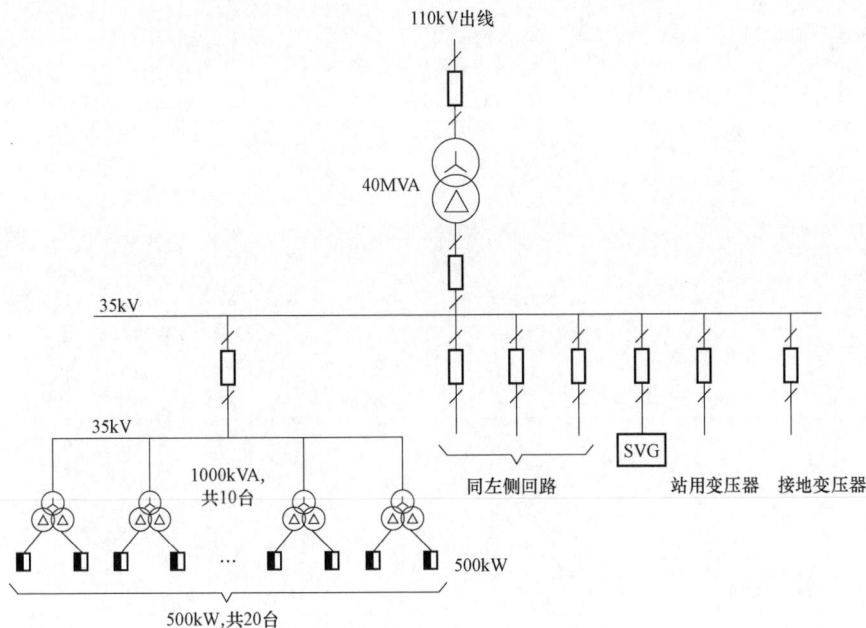

图 5 新建电站接入电网线路

若该光伏发电站 1MVA 的分裂升压变压器短路阻抗为 6.5%，空载电流为 0.6%，40MVA 的主变压器短路阻抗为 10.5%，空载电流为 0.58%，110kV 并网线路长 13km，

单位电抗为 $0.4\Omega/\text{km}$，采用单回架设。供给一级负荷 10MW，二级负荷 15MW，三级负荷 10MW，最终将功率因数由 0.86 补偿至 0.96。假定站内各分裂变压器均满载运行，在不考虑汇集线路及逆变器的无功调节能力的条件下，求该电站需要安装的动态容性无功容量。

第五章 光伏发电站继电保护及安全自动装置

一、单选题

1. 设计安装的继电保护和安全自动装置应与一次系统（　　）。

A. 同步投运　　　B. 同步采购　　　　C. 同步安装　　　　D. 同步设计

2. 继电保护和安全自动装置的直流电源，电压纹波系数应不大于 2%，电压允许范围为（　　）。

A. 80%～110%　　B. 85%～110%　　　C. 90%～120%　　　D. 85%～120%

3. 过电流保护采用低压启动时，低压继电器的启动电压应小于（　　）。

A. 正常工作最低电压　　　　　　　B. 正常工作电压

C. 正常工作最高电压　　　　　　　D. 正常工作最低电压的 50%

4. 电力系统发生故障时，由故障设备（或线路）的保护首先切除故障，是继电保护（　　）的要求。

A. 速动性　　　B. 选择性　　　　C. 可靠性　　　　D. 灵敏性

5. 在 Yd 接线的变压器两侧装设差动保护时，其高、低压侧的电流互感器二次绕组接线必须与变压器一次绕组接线相反，这种措施一般称为（　　）。

A. 相位补偿　　B. 电流补偿　　　C. 电压补偿　　　D. 过补偿

6. 继电保护和安全自动装置是保障电力系统（　　）运行不可或缺的重要设备。

A. 有序　　　B. 正确　　　　C. 合理　　　　D. 安全、稳定

7. 0.4MVA 及以上车间内油浸式变压器和 0.8MVA 及以上油浸式变压器，均应装设（　　）。

A. 电流速断保护　　　　　　　　　B. 纵差保护

C. 失灵保护　　　　　　　　　　　D. 瓦斯保护

8. 电力系统安全自动装置是指电力网中（　　），为确保电网安全与稳定运行，起控制作用的自动装置。

A. 发生故障或异常运行时　　　　　B. 发生故障

C. 出现异常　　　　　　　　　　　D. 发生事故

9. 二次回路的工作电压不宜超过 250V，最高不应超过（　　）。

A. 400V　　　　　B. 500V　　　　　C. 600V　　　　　D. 800V

10. 反映被保护元件本身的故障，并以尽可能短的时限切除故障的保护是（　　）

A. 后备保护　　　B. 辅助保护　　　C. 非电量保护　　　D. 主保护

11. 在带电的电磁式电流互感器二次回路上工作时，应防止二次侧（　　）。

A. 开路　　　　　B. 短路　　　　　C. 接地　　　　　D. 保护接地

12. 变压器内部故障时（　　）动作。

A. 瓦斯保护　　　B. 瓦斯差动　　　C. 距离保护　　　D. 中性点保护

13. 反映电力线路电流增大而动作的保护为（　　）。

A. 小电流保护　　B. 过电流保护　　C. 零序电流保护　　D. 过负荷保护

14. 电流互感器的不完全星形接线，在运行中（　　）故障。

A. 不能反映所有的接地　　　　　　　B. 能反映各种类型的接地

C. 仅反映单相接地　　　　　　　　　D. 不能反映三相短路

15. 电流互感器极性对（　　）没有影响。

A. 差动保护　　　B. 方向保护　　　C. 电流速断保护　　　D. 距离保护

16. 对于不可逆流的并网方式，应在供电变压器的输出端安装（　　）装置。

A. 双向计量　　　B. 逆流检测　　　C. 防逆流　　　D. 计量监测

17. 电力系统中，（　　）的相间短路保护宜采用近后备保护。

A. 10kV 线路　　B. 35kV 线路　　C. 110kV 线路　　D. 220kV 线路

18. 直流系统按功能分为控制和动力负荷，下列选项属于控制负荷的是（　　）。

A. 继电保护电源　　　　　　　　　　B. 交流不间断电源设备

C. 断路器电磁操动的合闸机构　　　　D. 事故照明

19. 光伏发电站计算机监控系统的电源应安全可靠，站控层应采用交流不停电电源系统供电。交流不停电电源系统持续供电时间不宜小于（　　）。

A. 1h　　　　　　B. 2h　　　　　　C. 3h　　　　　　D. 4h

20. 已知独立光伏系统电压 48V，蓄电池的标称电压为 12V，那么需串联的蓄电池数量为（　　）个。

A. 1　　　　　　　B. 2　　　　　　　C. 3　　　　　　　D. 4

21. 二次回路绝缘导线和控制电缆的工作电压不应低于（　　）

A. 220V　　　　　B. 380V　　　　　C. 500V　　　　　D. 1000V

22. 熔断器主要用来进行（　　）保护

A. 过载　　　　　B. 过电压　　　　C. 失电压　　　　D. 短路

23. 为保证零序电流保护有较稳定的保护区和灵敏度，在考虑中性点接地点的分布时，应使电网中对应零序电流的网络尽可能（　　　）。

　　A. 灵活，可随时调整

　　B. 有较大变化

　　C. 保持不变或变化较小

24. 继电保护是以常见运行方式为主来进行整定计算和灵敏度校核的。所谓常见运行方式是指（　　　）。

　　A. 正常运行方式下，任意一回线路检修

　　B. 正常运行方式下，与被保护设备相邻近的一回线路或一个元件检修

　　C. 正常运行方式下，与被保护设备相邻近的一回线路检修并有另一回线路故障被切除

25. 在220kV电力系统中，校验变压器零序差动保护灵敏系数所采用的系统运行方式应为（　　　）。

　　A. 最大运行方式

　　B. 正常运行方式

　　C. 最小运行方式

26. 变压器差动保护的灵敏度和（　　　）有关。

　　A. 比率制动系数

　　B. 拐点电流

　　C. 最小动作电流

　　D. 比率制动系数、拐点电流及初始动作电流

27. 35kV中性点不接地系统正常运行时，三相对地电容电流均为10A，当A相发生金属性接地时，A相接地电流为（　　　）。

　　A. 10A　　　　　　　B. 15A　　　　　　　C. 20A　　　　　　　D. 30A

28. 220kV架空线路的单相重合闸时间的长短由（　　　）决定。

　　A. 线路潜供电流大小　　　　　　　B. 线路的重要性

　　C. 开关动作时间　　　　　　　　　D. 线路长短

29. 采用比率制动式的差动保护继电器，可以（　　　）。

　　A. 躲开励磁涌流　　　　　　　　　B. 提高区内故障时的灵敏度

　　C. 防止电流互感器二次回路断线时误动　　D. 提高区内故障快速性

30. 谐波制动的变压器纵差保护装置中设置差动速断元件的主要原因是（　　　）。

　　A. 提高保护动作速度

　　B. 防止在区内故障较高的短路水平时，由于电流互感器的饱和产生谐波量增加，导致谐波制动的比率差动元件拒动

C. 保护设置的双重化，互为备用

D. 提高整套保护灵敏度

31. 下列关于变压器差动保护防止励磁涌流的措施中，不正确的是(   )。

A. 采用二次谐波制动　　　　　　B. 采用间断角判别

C. 采用五次谐波制动　　　　　　D. 采用波形对称原理

32. 变压器中性点间隙接地保护包括(   )。

A. 间隙过电流保护

B. 零序电压保护

C. 间隙过电流保护与零序电压保护，且其接点串联出口

D. 间隙过电流保护与零序电压保护，且其接点并联出口

33. 下列关于母线充电保护的特点，不正确的是(   )。

A. 为可靠切除被充电母线上的故障，专门设立母线充电保护

B. 为确保母线充电保护的可靠动作，尽量采用阻抗保护作为相间故障的保护

C. 母线充电保护仅在母线充电时投入，其余情况下应退出

34. 断路器失灵保护是(   )。

A. 一种近后备保护，当故障元件的保护拒动时，可依靠该保护切除故障

B. 一种远后备保护，当故障元件的断路器拒动时，必须依靠故障元件本身保护的动作信号启动失灵保护以切除故障点

C. 一种近后备保护，当故障元件的断路器拒动时，可依靠该保护隔离故障点

D. 一种远后备保护，当故障元件的保护拒动时，可依靠该保护隔离故障点

35. 过电流保护加装复合电压闭锁可以(   )。

A. 加快保护动作时间　　　　　　B. 增加保护可靠性

C. 提高保护的灵敏性　　　　　　D. 延长保护范围

36. 电力系统继电保护的选择性，除了决定于继电保护装置本身的性能外，还要求满足：由电源算起，越靠近故障点的继电保护的故障启动值(   )。

A. 相对越小，动作时间越短

B. 相对越大，动作时间越短

C. 相对越灵敏，动作时间越短

37. 主保护或断路器拒动时，用来切除故障的保护是(   )。

A. 辅助保护　　　　B. 异常运行保护　　　　C. 后备保护　　　　D. 安全自动装置

38. (   )是为补充主保护和后备保护的性能或当主保护和后备保护退出运行而增加的简单保护。

A. 异常运行保护　　　　　B. 辅助保护　　　　　C. 失灵保护

39. 差动保护中动作量不是定值, 而是随制动量变化的特性称为(   )。

A. 差动特性   B. 制动特性   C. 比例制动   D. 标积制动

40. 下列选项中, 属于光伏发电单元中同步并网及功率控制单元的是(   )。

A. 箱式变压器   B. 主断路器   C. 过电压保护单元   D. 逆变器

41. 光伏发电单元与主控室之间采用(   )信通协议。

A. ZigBee   B. Profibus   C. TCP/IP   D. CANopen

42. 下列关于数据库备份策略的说法, 错误的是(   )。

A. 备份的类型和频率属于备份策略的内容

B. 备份策略应考虑备份的存放位置和存放设备

C. 备份测试方法一般不属于备份策略的内容

D. 备份策略一般不考虑备份人员安排

43. 一个 IP 数据包经过一台路由器转发到另一个网络, 该 IP 数据包的头部字段中一定会发生变化的是(   )。

A. 源 IP 地址   B. 协议号   C. 目的 IP 地址   D. TTL

44. 下列关于防火墙功能的说法中, 错误的是(   )。

A. 防火墙可以检测进入内部网络的通信量

B. 防火墙可以使用过滤技术, 在网络层对数据包进行选择

C. 防火墙可以阻止来自网络内部的攻击

D. 防火墙可以工作在网络层也可以工作在应用层

45. 下列地址中, 属于单播地址的是(   )。

A. 172.31.128.255/18   B. 10.255.255.255

C. 172.160.24.59/30   D. 224.105.5/211

46. 光伏发电站电能量数据信息通常采用(   )上传至省调和地调, 采用专线方式。

A. 光伏电站集电线路光缆网络   B. 调度数据网络

C. 变电站监控系统以太网络   D. 租用网络运营商专线网络

47. 变电站无功和电压自动控制是利用(   )和无功补偿装置进行局部电压及无功补偿的自动调节。

A. 输电线路   B. GIS

C. 有载调压变压器   D. 低频减载装置

48. 变电站自动化系统目前最常采用的系统结构是(   )。

A. 集中式   B. 分散分布式

C. 总线式   D. 分散分布式与集中式相结合

49. 光功率预测系统中的数值天气预报应当部署在光伏发电站划分安全区中的

（　　）区。

　　A. 控制区　　　　B. 非控制区　　　　C. 管理信息大区　　　D. 外网

50. GB/T 12326—2008《电能质量　电压波动和闪变》规定，6kV、10kV 电压等级的电压总谐波畸变率限值为（　　）。

　　A. 0.05　　　　B. 0.04　　　　C. 0.03　　　　D. 0.02

51. 负序电压不平衡度允许值一般可根据连接点的正常最小短路容量换算为相应的（　　）作为分析和测算依据。

　　A. 正序电流　　B. 负序电流　　　　C. 零序电流　　　　D. 短路电流

52. GB/T 15945—2008《电能质量　电力系统频率偏差》要求冲击负荷引起的频率偏差限值不超过（　　）。

　　A. ±0.1Hz　　B. ±0.2Hz　　　　C. ±0.4Hz　　　　D. ±0.5Hz

53. DL/T 1053—2007《电能质量技术监督规程》规定，发电厂和 220kV 变电站的 35～110kV 母线正常运行方式时，电压允许偏差为系统标称电压的（　　）。

　　A. 0～±10%　　B. −5%～+10%　　C. ±7%　　　D. −3%～+7%

54. 依据 DL/T 1198—2013《电力系统电能质量技术管理规定》，生产（或运行）过程中周期性或非周期性地从电网中取用快速变动功率的负荷称为（　　）。

　　A. 线性负荷　　B. 非线性负荷　　　C. 冲击负荷　　　D. 敏感性负荷

55. DL/T 1297—2013《电能质量监测系统技术规范》规定，电能质量监测系统的稳态实时数据和统计数据，需要统计短（长）时间闪变值的（　　）。

　　A. 实时值　　　B. 最大　　　　C. 最小　　　　D. 平均值

56. 下列选项中，不属于 IPV4 中 TCP/IP 协议栈安全缺陷的是（　　）。

　　A. 没有为通信双方提供良好的数据源认证机制

　　B. 没有为数据提供较强的完整性保护机制

　　C. 没有提供复杂网络环境下的端到端可靠传输机制

　　D. 没有提供对数据传输的加密保护机制

57. 在计算机网络系统中，入侵检测装置（IDS）的探测器要连接的设备是（　　）。

　　A. 路由器　　　B. 防火墙　　　　C. 网关设备　　　D. 交换机

58. 下列选项中，属于事件型电能质量现象的是（　　）。

　　A. 电压波动　　B. 三相不平衡　　　C. 频率偏差　　　D. 电压暂降

59. 光伏发电站发电系统中作为显示和交易的计量设备和器具必须符合（　　）的要求，并定期校准。

　　A.《中华人民共和国计量法》

　　B. 企业

C. 电站

60. 测量变压器绕组的直流电阻的目的是（　　　）。

A. 保证设备的温升不超过上限

B. 测量绝缘线是否受潮

C. 判断是否断股或接头接触不良

61. 定时限过电流保护的动作是按躲过线路（　　　）电流整定的。

A. 最大负荷　　　B. 平均负荷　　　C. 末端短路

62. 在非直接接地系统中发生单相金属性接地，接地相的电压（　　　）。

A. 等于零　　　B. 等于 10kV　　　C. 升高

63. 蓄电池放出（　　　）以上的额定容量时需按均充方式进行均衡充电。

A. 5％　　　B. 10％　　　C. 20％　　　D. 50％

64. 标志电能质量的两个基本指标是（　　　）。

A. 电压和频率　　　　　　B. 电压和电流

C. 电流和功率　　　　　　D. 频率和波形

65. 下列电气设备中，不具备过电流保护的是（　　　）。

A. 熔断器　　　　　　B. 断路器（空气断路器）

C. 避雷器　　　　　　D. 热继电器

66. 铅酸蓄电池在运行中电解液呈现褐色，则表示蓄电池（　　　）。

A. 过放电　　　　　　B. 过充电

C. 电解液不合格　　　　　　D. 属于正常现象

67. 220V 直流母线电压正常允许在（　　　）内运行。

A. 220（1±5％）V　　　　　　B. 220（1±6％）V

C. 220（1±8％）V　　　　　　D. 220（1±10％）V

68. 计量器具经检定合格后，由鉴定单位按照计量检定规程出具（　　　）。

A. 检定证书或加盖鉴定合格印

B. 检定证书或检定合格证

C. 检定合格证或加盖检定合格印

D. 检定证书或检定合格证或加盖检定合格印

69. 交流采样远动终端被测量的频率的标称值范围极限是（　　　）。

A. 40～60Hz　　　B. 45～55Hz　　　C. 47～52Hz　　　D. 40～100Hz

70. 交流电能表检验装置的基本误差是指装置在（　　　）下对电能的测量误差。

A. 制造商给定的环境条件　　　　　　B. 室温、湿度不超过 85％ 的条件

C. 参比条件　　　　　　D. 实验室条件

71. 主变压器侧电能计量装置如果采用套管式电流互感器，电流互感器配置等安匝校验绕组，校验绕组导线的额定电流密度可按（　　）设计，额定电流不小于（　　）。

A. 5A/mm², 10A
B. 5A/mm², 5A
C. 10A/mm², 10A
D. 10A/mm², 5A

72. 电能计量屏的防护等级，室内不低于（　　），室外不低于（　　）。

A. IP20，IP34
B. IP34，IP20
C. IP30，IP65
D. IP30，IP65

73. GPS 对时检查装置目测要求精度为（　　）级以上。

A. 微秒
B. 毫秒
C. 秒
D. 分

74. 故障录波装置零漂检查要求电压零漂在（　　）内，电流零漂在（　　）内。

A. 0.05V, $0.01I_n$
B. 0.1V, $0.05I_n$
C. 0.1V, $0.01I_n$
D. 0.05V, $0.05I_n$

75. 光伏发电站功率预测系统应运行在电力二次系统安全区（　　），与调度计划相接。

A. 一区
B. 二区
C. 三区
D. 四区

76. 光伏发电站调度自动化系统远动信息采集范围按（　　）运动信息接入规定的要求接入信息量。

A. EMS
B. SCADA
C. D5000
D. DMIS

77. 光纤差动保护采用（　　）通道。

A. 通用
B. 专用
C. 高频
D. 载波

78. 智能汇流箱通过（　　）接口，将测量和采集的数据上传至监控系统。

A. RS232
B. RS485
C. RJ45
D. COM

79. 保护接地是将电气设备的（　　）与接地网的接地极连接起来。

A. 带电部分
B. 绝缘部分
C. 金属外壳
D. 电源线

80. 下列不同类型的过电压中，不属于内部过电压的是（　　）。

A. 工频过电压
B. 操作过电压
C. 谐振过电压
D. 大气过电压

81. 测量绝缘电阻对下列绝缘缺陷中的（　　）较灵敏。

A. 局部缺陷
B. 绝缘老化
C. 局部受潮
D. 贯穿性导电通道

二、多选题

1. 直流系统具备（　　）功能。

A. 过电压
B. 欠电压
C. 接地远方报警
D. 过电流

2. 人为提高功率因数的方法有（　　）。

A. 并联适当电容器   B. 电路串联适当电容器

C. 并联大电抗器   D. 串联大电容器

3. 光伏发电站向电网调度机构提供的信号至少应包括(　　)。

A. 每个光伏发电单元的运行状态

B. 并网点电压、电流、频率

C. 升压变压器高压侧出线的有功功率、无功功率、发电量

D. 高压断路器和隔离开关的位置

E. 气象监测系统采集的实时辐照度、环境温度、光伏组件温度

4. 光伏发电站与电力系统直接连接的通信设备有(　　)。

A. 光纤传输设备   B. PCM

C. 调度程控交换机   D. 数据通信网

5. 根据电力监控系统安全防护要求,下列系统中属于安全Ⅰ区的是(　　)。

A. AGC/AVC   B. 变电站监控系统   C. 功率预测系统   D. "五防"系统

6. 继电保护和安全自动装置应符合(　　)。

A. 可靠性   B. 选择性   C. 灵敏性   D. 速动性

7. 电力系统中的电力设备和线路,应装设短路故障和异常运行的保护装置。电力设备和线路短路故障的保护应(　　)。

A. 有主保护   B. 有后备保护

C. 必要时可增设辅助保护   D. 有距离保护

8. 依据保护原理的划分原则可将继电保护分为(　　)。

A. 电流保护   B. 电压保护   C. 变压器保护   D. 有距离保护

9. GB 50797—2012《光伏发电站设计规范》规定,电能质量的监控应符合(　　)的要求。

A. 直接接入公用电网的光伏发电站应在并网点装设电能质量在线监测装置

B. 接入用户侧电网的光伏发电站的电能质量监测装置应设置在关口计量点

C. 大、中型光伏发电站电能质量数据应能够远程传送到电力调度部分

D. 小型光伏发电站应能储存一年以上的电能质量数据,必要时可供电网企业调用

10. GB/T 29319—2024《光伏发电系统接入配电网技术规定》规定,关口计量电能表应采用静止式多功能电能表,电能表至少应具备(　　)等功能,具备本地通信和通过电能信息采集终端远程通信的功能。

A. 双向有功计量功能   B. 四象限无功计量功能

C. 事件记录功能   D. 配有标准通信接口

11. GB/T 19939—2005《光伏系统并网技术要求》规定,光伏系统向当地交流负载

提供电能和向电网发送电能的质量应受控,在( )方面应满足实用要求并符合标准。出现偏离标准的越限状况,系统应能检测到这些偏差并将光伏系统与电网安全断开。

A. 电压偏差 B. 频率 C. 谐波 D. 功率因数

12. GB/T 19939—2005《光伏系统并网技术要求》规定,主动防孤岛效应保护方式主要有( )等。

A. 频率偏离 B. 有功功率变动

C. 无功功率变动 D. 电流脉冲注入引起阻抗变动

13. GB/T 19939—2005《光伏系统并网技术要求》规定,被动防孤岛效应保护方式主要有( )等。

A. 电压相位跳动 B. 3 次电压谐波变动

C. 频率变化率 D. 电流相位跳动

14. Q/GDW 617—2011《光伏电站接入电网技术规定》规定,光伏电站向当地交流负载提供电能和向电网发送电能的质量应符合相关标准的要求。电能质量主要包括( )等方面。

A. 谐波 B. 电压偏差

C. 电压波动和闪变 D. 电压不平衡度

15. Q/GDW 617—2011《光伏电站接入电网技术规定》规定,关口计量电能表至少应具备( )功能,并配有( ),具备本地通信和通过电能信息采集终端远程通信的功能。

A. 标准通信接口 B. 四象限无功计量功能

C. 事件记录功能 D. 双向有功

16. GB/T 29319—2024《光伏发电系统接入配电网技术规定》规定,电能表采用静止式多功能电能表,技术性能符合 GB/T 17215.322 和 DL/T 614 的要求。电能表至少应具备( )功能,配有标准通信接口,具备本地通信和通过电能信息采集终端远程通信的功能,电能表通信协议符合 DL/T 645。

A. 双向有功 B. 四象限无功计量 C. 事件记录 D. 无线采集

17. GB/T 29319—2024《光伏发电系统接入配电网技术规定》规定,并网双方的通信系统应以满足电网安全经济运行对电力通信业务的要求为前提,满足( )等业务对电力通信的要求。

A. 继电保护 B. 安全自动装置 C. 调度自动化 D. 调度电话

18. 当电容器组中的故障电容器被切除到一定数量后,引起剩余电容器端电压超过110%额定电压时,保护应将整组电容器断开。为此,下列可采用的保护中,说法正确的是( )。

A. 中性点不接地单星形接线电容器组，可装设中性点电流不平衡保护

B. 中性点接地单星形接线电容器组，可装设中性点电压不平衡保护

C. 中性点不接地双星形接线电容器组，可装设中性点间电流或电压不平衡保护

D. 中性点接地双星形接线电容器组，可装设反应中性点回路电流差的不平衡保护

19. 保护和安全自动装置与外部电磁环境的特定界面接口称为端口，该端口包含(　　)。

A. 电源端口　　　　B. 输入端口　　　　C. 通信端口　　　　D. 外壳端口

20. GB 50797—2012《光伏发电站设计规范》规定，光伏发电站宜设蓄电池组向(　　)等控制负荷和交流不间断电源装置、断路器合闸机构及直流事故照明等动力负荷供电，蓄电池组应以全浮充电方式运行。

A. 继电保护　　　　B. 信号　　　　　　C. 事故照明　　　　D. 自动装置

21. GB/T 29319—2024《光伏发电系统接入配电网技术规定》规定，通过 10（6）kV 电压等级并网的光伏发电系统，同一计量点应安装(　　)的主、副电能表各一套。

A. 同型号　　　　　B. 同规格　　　　　C. 同生产厂家　　　D. 准确度相同

22. 220kV 变压器保护标准化设计方案中高压侧后备保护应配置的功能有(　　)。

A. 复压闭锁过电流（方向）保护

B. 零序过电流（方向）保护

C. 间隙零序电流保护和零序电压保护

D. 高压侧失灵保护经变压器保护跳闸

23. 对于 220kV 及以上的变压器相间短路后备保护的配置原则，下列说法中不正确的是(　　)。

A. 除主电源外，其他各侧保护作为变压器本身和相邻元件的后备保护

B. 作为相邻线路的远后备保护，对任何故障具有足够的灵敏度

C. 对于稀有故障，如电网的三相短路，允许无选择性动作

D. 送电侧后备保护对各侧母线具有足够灵敏度

24. 下列保护中，不属于后备保护的是(　　)。

A. 变压器差动保护　　　　　　　　　B. 瓦斯保护

C. 高频闭锁零序保护　　　　　　　　D. 断路器失灵保护

25. 下列情况中，特高压线路需要启动远方跳闸的有(　　)。

A. 线路高压并联电抗器故障　　　　　B. 线路过电压

C. 3/2 接线方式下中间断路器失灵　　　D. 线路串补装置故障

26. 继电保护的可靠性主要靠(　　)来保证。

A. 配置快速主保护　　　　　　　　　B. 选用性能优良质量稳定的产品

C. 正常的运行维护　　　　　　　　D. 整定计算

27. 继电保护根据所承担的任务分为（　　）。

A. 主保护　　　B. 微机保护　　　C. 集成保护　　　D. 后备保护

28. 距离保护克服"死区"的方法有（　　）。

A. 采用 90°接线形式　　　　　　　B. 引入记忆回路

C. 引入非故障相电压　　　　　　　D. 引入反方向元件

29. 下列保护中必须经振荡闭锁的是（　　）。

A. 距离Ⅰ段　　　B. 距离Ⅱ段　　　C. 距离Ⅲ段　　　D. 过电流保护

30. 微机母差保护的特点有（　　）。

A. 电流互感器变比可以不一样　　　B. 母线运行方式变化可以自适应

C. 必须使用辅助变流器　　　　　　D. 不需要电压闭锁

31. 采用二次阶波制动原理构成的变压器差动保护由（　　）及 TA 断线检测等部分构成。

A. 二次谐波制动　　　　　　　　　B. 电压制动元件

C. 差动元件　　　　　　　　　　　D. 差动速断元件

32. 下列关于限时电流速断保护的说法，正确的是（　　）。

A. 限时电流速断保护反应电流升高，带一定延时

B. 动作电流应与上一段相邻线路电流速断保护的动作电流配合整定

C. 能保护线路全长

D. 动作时限比下一段电流速断保护大

33. 变压器差动保护防止励磁涌流影响的措施有（　　）。

A. 采用具有速饱和变流器的差动继电器构成变压器纵差动保护

B. 采用二次谐波制动原理构成变压器纵差动保护

C. 各侧均接入制动绕组

D. 采用鉴别波形间断角原理构成变压器纵差动保护

34. 变压器差动保护中的不平衡电流产生的原因有（　　）。

A. 电流互感器误差不一致

B. 变压器两侧电流互感器型号不同

C. 电流互感器和自耦变压器变比标准化

D. 变压器带负荷调节分接头

35. 变压器差动保护继电器采用比率制动式，可以（　　）。

A. 躲开励磁涌流

B. 通过降低定值来提高保护内部故障时的灵敏度

C. 提高保护对于外部故障的安全性

D. 防止电流互感器二次回路断线时误动

36. 距离保护的主要组成元件有(   )。

A. 启动元件　　　B. 阻抗测量元件　　　C. 时间元件　　　D. 出口执行元件

37. 距离保护与电流保护的主要差别有 (   )。

A. 距离保护测量元件采用阻抗元件而不是电流元件

B. 电流保护中不设专门的启动元件，而是与测量元件合二为一；距离保护中每相均
有独立的启动元件，可以提高保护的可靠性

C. 电流保护和距离保护都只反应电流的变化

D. 电流保护的保护范围与系统运行方式和故障类型有关；而距离保护的保护范围
基本上不随系统运行方式而变化，较稳定

38. 在满足接线方式和短路容量的前提下，应采用 (   ) 的母差保护。

A. 快速　　　B. 选择　　　C. 可靠　　　D. 成熟

39. 参与电力监控系统安全防护评估的机构及人员应 (   )。

A. 稳定　　　　　　　　B. 与被评估单位签署长期保密协议

C. 可控　　　　　　　　D. 可靠

40. 下列属于通用网络安全防护措施的是 (   )。

A. 恶意代码防范　B. 安全审计　　　C. 入侵检测　　　D. 主机加固

41. 新一代电网调度控制系统的控制区主要包括 (   )。

A. 数据申报与信息发布　　　B. 自动发电控制

C. 自动电压控制　　　　　　D. 电能量计量

42. 电力监控系统安全防护的总体原则为 (   )。

A. 安全分区　　　B. 网络专用　　　C. 横向隔离　　　D. 纵向认证

43. 下列属于光伏发电站非控制区的业务系统或功能模块的是 (   )。

A. 光功率预测系统　　　　　B. 故障录波装置

C. 天气预报系统　　　　　　D. 管理信息系统（MIS）

44. GB/T 12325—2008《电能质量　供电电压偏差》规定，A 级性能电压监测仪可
以根据具体情况选择 (   ) 时间长度计算供电电压偏差。

A. 3s　　　B. 1min　　　C. 10min　　　D. 2h

45. GB/T 12326—2008《电能质量　电压波动和闪变》规定，任何一个波动负荷用
户在电力系统公共连接点产生的电压变动，其限值和 (   ) 有关。

A. 负荷大小　　　B. 频率　　　C. 电压变动频度　　　D. 电压等级

46. GB/T 14549—1993《电能质量　公用电网谐波》规定，谐波源是指向公用电网

注入 （　　） 或在公用电网中产生 （　　） 的电气设备。

  A. 谐波电流 B. 高频电流   C. 谐波电压   D. 高频电压

47. GB/T 15543—2008《电能质量　三相电压不平衡》规定了三相电压不平衡的（　　）。

  A. 限值 B. 计算   C. 测量   D. 取值方法

48. 下列属于暂时过电压现象的为（　　）与（　　）。

  A. 工频过电压 B. 谐振过电压 C. 操作过电压 D. 雷电过电压

49. GB/T 156—2017《标准电压》规定，设备的最高电压用以表示（　　）。

  A. 绝缘   B. 与设备最高电压相关联的其他性能

  C. 运行工况   D. 电气设备在规定工作条件下的电压

50. GB/T 32507—2016《电能质量　术语》规定，供电可靠性的定义为供电系统对用户持续供电的能力，其主要指标有（　　）等。

  A. 供电可靠率   B. 用户平均停电时间

  C. 用户平均停电次数   D. 用户平均故障停电次数

51. 对安装主、副电能表的电能计量装置，以下说法正确的是（　　）。

A. 运行中主、副电能表不得随意调换，对主、副电能表的现场校验和周期检定要求相同

B. 当主、副电能表所计电量之差与主表所计电量的相对误差小于电能表准确度等级值的 1.5 倍时，以主电能表所计电量作为贸易结算的电量

C. 若现场检验，主电能表不超差，则以主电能表所计电量为贸易结算的电量；主电能表超差而副电能表不超差时才以副电能表所计电量为准

D. 若现场检验，主、副电能表都超差时，仍按照主电能表所计电量作为贸易结算电量

52. 根据 DL/T 448—2016《电能计量装置技术管理规程》的规定，下列电能表与互感器的准确度等级正确的是（　　）。

  A. Ⅰ类：电能表有功 0.2S，电压互感器 0.2，电流互感器 0.2S

  B. Ⅱ类：电能表有功 0.5S，电压互感器 0.5，电流互感器 0.2S

  C. Ⅲ类：电能表有功 2.0，电压互感器 0.5，电流互感器 0.5S

  D. Ⅳ类：电能表有功 2.0，电压互感器 0.5，电流互感器 0.5S

53. 下列关于周期检定的说法，正确的是（　　）。

A. 企业电测量值传递应符合量值溯源体系，结合本企业实际情况确定电测仪器仪表检验管理模式

B. 若外委电测仪表检验工作，应对外委单位加强监督

C. 周期检定、校准（含现场检验）证书或原始记录应至少妥善保存两个检定（校准）周期

D. 贸易结算用电能计量装置应按照 DL/T 448 的规定开展计量检定和现场检验工作

54. 当采用标准源作为标准对 0.2 级的电压表进行检定时，要求标准源满足（　　　）条件。

A. 标准源的允许误差为＋0.05％

B. 标准源的稳定性为＋0.02％

C. 标准源的输出频率允许误差为＋0.05％，输出相位允许误差为＋0.03°

D. 在电压表示值达到上限时，标准源的读数位数不少于 5 位

55. 交流采样测量装置的在线校验的检定条件为（　　　）。

A. 环境温度 15～30℃，相对湿度≤80％

B. 被测量电压对标称值的偏差不应超过＋10％

C. 被测量频率对标称值的偏差不应超过 50Hz＋1Hz

D. 现场校验时，测量装置负载应为实际负载

56. 高压输电线路距离保护中的阻抗定值，应该按照（　　　）要求校验。

A. 0.95 倍可靠动作　　　　　　　　　　B. 0.95 倍可靠不动作

C. 1.05 倍可靠动作　　　　　　　　　　D. 1.05 倍可靠不动作

E. 1.1 倍可靠不动作

57. 主变压器非电气量保护投信号的保护是指（　　　）。

A. 本体重瓦斯　　　B. 调压重瓦斯　　　　C. 本体油位异常　　　D. 油压突变

58. 二次回路包括继电保护的（　　　），以及监控系统回路。

A. 交流电压回路　　　　　　　　　　　B. 交流电流回路

C. 直流电源回路　　　　　　　　　　　D. 断路器的控制回路

59. 变电站蓄电池组的负荷可分为（　　　）。

A. 经常性负荷　　　　　　　　　　　　B. 短时性负荷

C. 事故负荷　　　　　　　　　　　　　D. 变电站动力负荷

60. 变电站综合自动化系统的信息主要来源于（　　　）。

A. 一次信息　　　B. 二次信息　　　　　C. 监控装置　　　　　D. 通信设备

61. Q/GDW 617—2011《光伏电站接入电网技术规定》规定，大、中型光伏发电站的同一计量点应安装（　　　）的主、副电能表各一套。主、副电能表应有明确标志。

A. 同型号　　　B. 同批次　　　　　　　C. 同准确度　　　　　D. 同规格

三、判断题

1. 为防止在有效接地系统中出现孤立不接地系统并产生较高的工频过电压的异常运行

工况，110～220kV 不接地变压器的中性点过电压保护应采用棒间隙保护方式。（　　）

2. 光伏发电站经消弧线圈接地的汇集线系统发生单相接地故障时，应能可靠选线，快速切除。（　　）

3. 母线保护用电流互感器可按保护装置的要求或按稳态短路条件选用。（　　）

4. 主变压器保护出口中间继电器接点不需要串电流线圈。（　　）

5. 已在控制室一点接地的电压互感器二次绕组，宜在开关场将二次绕组中性点经放电间隙或氧化锌阀片接地，其击穿电压峰值应大于 $30I_{max}$ V。（　　）

6. 微机保护装置的开关电源模块宜在运行 6 年后予以更换。（　　）

7. 当把电流互感器两个二次绕组串联起来使用时，其每个二次绕组只承受原来电压的一半，负荷减少一半。（　　）

8. 光伏发电站防孤岛效应保护动作时间应大于电网侧线路保护重合闸时间。（　　）

9. 高频保护既可作全线路快速切除保护，又可作相邻母线和相邻线路的后备保护。（　　）

10. 两套保护装置的直流电源应取自相同蓄电池组供电的直流母线段。（　　）

11. 保护装置在电流互感器二次回路不正常或断线时，应发告警信号，除母线保护外，允许跳闸。（　　）

12. 在电压互感器二次回路中，开口三角线圈回路宜装设自动开关。（　　）

13. 根据 GB/T 19964—2024《光伏发电站接入电力系统技术规定》，光伏发电站应配置独立的防孤岛保护装置，动作时间应不大于 1s。防孤岛保护还应与电网侧线路保护相配合。（　　）

14. 根据 GB/T 19964—2024《光伏发电站接入电力系统技术规定》，光伏发电站应具备快速切除站内汇集系统三相故障的保护措施。（　　）

15. 根据 GB/T 19964—2024《光伏发电站接入电力系统技术规定》，通过 110（66）kV 及以上电压等级接入电网的光伏发电站应配备故障录波设备，该设备应具有足够的记录通道并能够记录故障前 0.1s 到故障后 60s 的情况，并配备至电网调度机构的数据传输通道。（　　）

16. 根据 GB/T 19964—2024《光伏发电站接入电力系统技术规定》，对于接入 110kV 及以上电压等级的光伏发电站应配置相角测量系统（PMU）。（　　）

17. 根据 GB/T 29319—2024《光伏发电系统接入配电网技术规定》，光伏发电系统接入电网前，应明确上网电量和用网电量计量点。光伏发电系统电能计量点应设在光伏发电系统与电网的产权分界处，产权分界处按国家有关规定确定。（　　）

18. 根据 GB/T 29319—2024《光伏发电系统接入配电网技术规定》，通过 10（6）kV 电压等级并网的光伏发电系统，同一计量点应安装同型号、同规格、准确度相同的主、副

电能表各一套。主、副电能表应有明确标志。　　　　　　　　　　（　　）

19．变压器差动保护反映该保护范围内的变压器内部及外部故障。　（　　）

20．根据 GB/T 29319—2024《光伏发电系统接入配电网技术规定》，光伏发电启动时不应引起电网电能质量超出本标准规定范围，同时应确保其输出功率的变化率不超过电网所设定的最大功率变化率。　　　　　　　　　　　　　　　　　（　　）

21．220kV 线路的后备保护宜采用远后备方式。　　　　　　　　（　　）

22．温度传感器 PT100 电阻值随温度的升高而降低。　　　　　　（　　）

23．中央监控系统与逆变器的通信是通过光纤局域网实现的。　　（　　）

24．故障分量的特点是仅在故障时出现，正常时为零，仅由施加于故障点的 1 个电动势产生。　　　　　　　　　　　　　　　　　　　　　　　　　　　（　　）

25．继电保护双重化配置的目的是防止因保护装置拒动而导致系统事故，减少由于保护装置异常检修等原因造成的一次设备停运。　　　　　　　　　　　（　　）

26．主保护双重化主要是指两套主保护的交流电流电压和直流电源彼此独立；有独立的选相功能；有两套独立的保护专（复）用通道；断路器有两个跳闸线圈，每套主保护分别启动一组。　　　　　　　　　　　　　　　　　　　　　　（　　）

27．配置两套完整独立的全线速动保护是 330～500kV 线路实现保护双重化的一个原则。　　　　　　　　　　　　　　　　　　　　　　　　　　　　　（　　）

28．继电保护装置的跳闸出口接点，必须在断路器确实跳开后才能返回，否则该接点会由于断弧而烧毁。　　　　　　　　　　　　　　　　　　　　　（　　）

29．在差动保护装置中，如电缆芯线或导线线芯的截面积过小，将因误差过大导致保护误动作。　　　　　　　　　　　　　　　　　　　　　　　　　（　　）

30．复合电压闭锁元件包含低电压闭锁、电压突变闭锁、负序电压闭锁、零序电压闭锁。　　　　　　　　　　　　　　　　　　　　　　　　　　　　　（　　）

31．远方直接跳闸必须有相应的就地判据控制。　　　　　　　　　（　　）

32．母线差动保护按要求在每一单元出口回路加装低电压闭锁。　（　　）

33．母线差动保护为防止误动作而采用的电压闭锁元件，正确的做法是闭锁总启动回路。　　　　　　　　　　　　　　　　　　　　　　　　　　　　（　　）

34．断路器失灵保护的线路及母联断路器出口动作时间应为同一时间。（　　）

35．在满足接线方式和短路容量的前提下，应采用成熟、快速、可靠的母差保护。应配置双套母差保护，按规定按时完成母差保护定检，母差保护停用时进行母线倒闸操作。　　　　　　　　　　　　　　　　　　　　　　　　　　　　　　（　　）

36．通过数据采集和监控系统监视光伏区、输电线路、升压变电站设备的各项参数变化情况，可不再进行运行状态记录的工作。　　　　　　　　　　　　（　　）

37. SCADA 系统中，上位机汇集了现场的各种测控数据，这是远程监控、控制的基础。 （　　）

38. Windows 系统环境下可以通过 NET 命令来查看并修改主机的默认网关。（　　）

39. 变电站自动化是将变电站的一次设备经过功能的组合和优化设计，利用先进的计算机、通信、信号处理等技术，实现对全变电站的主要设备和输配电线路的自动监视、测量、控制、保护，并与上级调度通信的综合性自动化功能。 （　　）

40. 如果有严重的电力系统故障发生，SCADA 系统需要根据继电保护动作的信息给 AVC 系统发送事故闭锁信号，AVC 将闭锁该分区控制回路。 （　　）

41. 短波通信的频率在 100～1000MHz 范围，具有体积小、操作简单、组网灵活的特点，适合传输语音信号，是检修通信的良好方式。 （　　）

42. 抗干扰编码就是要对传送的信息进行加工，按预定的规则附加上若干监督码元，使它具有一定的特征，接收端可以按照约定的规则进行检验，从而检验出错误，但不能纠正错误。 （　　）

43. 电力调度数据网划分为逻辑隔离的实时子网和非实时子网，分别连接生产控制大区和管理信息大区。 （　　）

44. 根据 GB/T 18481—2001《电能质量　暂时过电压和瞬态过电压》，单相接地电弧所产生的过电压虽然时间很短，但对具有正常绝缘的电机、线路、变压器有一定危害。 （　　）

45. 根据 DL/T 1375—2014《电能质量评估技术导则　三相电压不平衡》，若要求出三相系统的不平衡度，必须采用对称分量法求出三相基波电量的正序分量、负序分量与零序分量，三种缺一不可。 （　　）

46. 根据 DL/T 1724—2017《电能质量评估技术导则　电压波动和闪变》，对波动负荷用户在电力系统公共连接点单独引起的闪变，在其处于正常、连续工作状态，并包含负荷波动最大的工作周期，应测量获得至少 2h 的长时间闪变值。 （　　）

47. 根据 DL/T 1228—2013《电能质量监测装置运行规程》，监测装置安装时，电流互感器二次回路线不应短路，电压互感器二次回路线不应开路，电压、电流互感器信号对应关系和相序应正确。 （　　）

48. 根据 DL/T 1297—2013《电能质量监测系统技术规范》，告警信息是指电能质量监测终端对电能质量事件，如电能质量稳态指标越限、电压暂态等信息的记录，告警信息以 SOE 格式保存。 （　　）

49. 根据 GB/T 17626.30—2023《电磁兼容　试验和测量技术　第 30 部分：电能质量测量方法》，在确定电能质量事件的起因时，如确定电压幅值变化、暂降、中断，或者不平衡的起因时，电流测量是电压测量的有效补充。 （　　）

50. 根据 Q/HN—1—0000.08.061—2016《光伏发电站电能质量监督标准》，并网逆变器总谐波电流应小于逆变器额定输出的 5%。　　　　　　　　　　　（　　）

51. 根据 GB/T 12325—2008《电能质量　供电电压偏差》中，6kV、10kV 电压等级的厂用母线三相供电电压偏差限值为标称电压的±5%。　　　　　　　（　　）

52. 根据 GB/T 12326—2008《电能质量　电压波动和闪变》，闪变可能由上一电压等级传递至下一电压等级导致对下一级负荷造成影响，而下一电压等级对上一电压等级的传递则一般忽略不计。　　　　　　　　　　　　　　　　　　（　　）

53. 逆变器的电能质量和保护功能，正常情况下每三年监测一次，并由具有专业资质的人员进行。　　　　　　　　　　　　　　　　　　　　　　　（　　）

54. 变压器的过负荷保护接于跳闸回路。　　　　　　　　　　　　　　（　　）

55. 死区是指被测量值双向变化时，相应示值产生可检测到的变化的最大区间。

　　　　　　　　　　　　　　　　　　　　　　　　　　　　　　　（　　）

56. 贸易结算用电能计量装置故障，应立即修理。　　　　　　　　　　（　　）

57. 多功能电能表的基本功能有：电能计量、需量测量、费率和时段、清零、冻结、记录、事件、通信、脉冲输出、显示功能、测量功能。　　　　　　　　（　　）

58. 电子式电能表的功耗比感应式电能表功耗小，因此大量使用电子式电能表可与降低电网线损，节约用电。　　　　　　　　　　　　　　　　　　　（　　）

59. 选用高导磁率铁芯材料，增大二次负荷、增大铁芯截面积等技术改进措施可以提高电磁式电流互感器的准确等级。　　　　　　　　　　　　　　　（　　）

60. 二次回路即是把测控、保护等装置按一定功能要求连接起来所形成的电气回路，以实现对一次系统设备运行工况的监视、测量、控制、保护、调节等功能。（　　）

61. 变电站继电保护设备一般有三种稳定运行状态，即跳闸状态、信号状态、停用状态。　　　　　　　　　　　　　　　　　　　　　　　　　　　　（　　）

62. 变压器充电时，重瓦斯保护应投信号。　　　　　　　　　　　　　（　　）

63. 运行中的设备允许无继电保护运行。　　　　　　　　　　　　　　（　　）

64. TA 二次绕组可有多个接地点，接地点位置按反事故措施要求装设。　（　　）

四、填空题

1. 根据 GB/T 19939—2005《光伏系统并网技术要求》，系统在不可逆流的并网方式下工作，当检测到供电变压器次级处的逆流为逆变器额定输出的 5% 时，逆向功率保护应在_____内将光伏系统与电网断开。

2. 根据 GB 50797—2012《光伏发电站设计规范》，接入 66kV 及以上电压等级的大、中型光伏发电站应装设专用故障记录装置。故障记录装置应记录_____到_____的情况，并能够与电力调度部门进行数据传输。

3. 根据 GB 14285—2023《继电保护和安全自动装置技术规程》，110kV 及以下电压等级线路保护可采用_____类电流互感器。

4. 根据 GB/T 19939—2005《光伏系统并网技术要求》，光伏逆变器采用的孤岛检测方法分为两类：_____方法和_____方法。

5. 根据 GB/T 19939—2005《光伏系统并网技术要求》，正常运行时，光伏系统和电网接口处的三相电压允许偏差为额定电压的_____，单相电压的允许偏差为额定电压的_____。

6. 直流母线应采用_____运行的方式，每段母线应分别采用_____的蓄电池组供电，并在两段直流母线之间设置_____，正常运行时开关处于_____位置。

7. 根据 Q/GDW 617—2011《光伏电站接入电网技术规定》，当光伏发电站设计为不可逆并网方式时，应配置_____保护设备。当检测到逆向电流超过额定输出的_____时，光伏发电站应在_____内停止向电网线路送电。

8. GB/T 29319—2024《光伏发电系统接入配电网技术规定》中，孤岛可分为_____和_____。非计划性孤岛指非计划、不受控地发生孤岛。计划性孤岛指按预先配置的控制策略，有计划地发生孤岛。

9. 并网逆变器的_____和_____应满足电网要求。

10. 逆变器向电网馈送的直流电流分量不应超过其交流额定值的_____%。

11. 新安装或一、二次回路经过变动的变压器差动保护，当第一次充电时，应将差动保护_____。

12. 三相变压器空载合闸励磁涌流的大小和波形与 Y 侧合闸时_____有关。

13. 如果躲不开在一侧断路器合闸时三相不同步产生的零序电流，则两侧的零序后加速保护在整个重合闸周期中均应带_____s 延时。

14. 继电保护中，_____性是指在设备或线路的被保护范围内发生故障时，保护装置具有的正确动作能力的裕度。

15. 保护接地电阻不宜大于_____。

16. 对光伏发电站送出线路，应在系统侧配置_____和接地故障保护；有特殊要求时，可配置纵联电流差动保护。

17. 衡量电能质量的主要指标是_____。电能质量标准也主要围绕该指标制定。

18. 采用符合规范的测量仪器或设备对电网中所关心节点的电能质量相关指标进行测量并与限值对比分析的过程可称为_____。

19. 电能质量的监测分为_____、_____、_____三种。

20. 监控系统应具有_____和_____两种控制方式。

21. 电力监控系统安全防护体系的结构基础是_____。

22. 生产控制大区以外的电力企业管理业务系统的集合是指_____大区。

23. 电力监控系统投运前或发生重大变更时，安全保护等级为第_____级的电力监控系统可自行组织开展上线安全评估。

24. 在 SCADA 系统中，现场的各种参数由输入通道进入计算机，而 SCADA 系统的各种控制命令则通过输出通道传递给_____，进而实现对被控过程的控制。

25. 运行中的电压互感器，为避免产生很大的短路电流而烧坏互感器，要求互感器严禁二次_____。

26. 并网逆变器具有_____，_____，_____功能。

27. 电学计量中，电桥测量电阻采用_____测量法。

28. 对 35kV 架空线为主体，中性点经消弧线圈接地的系统的计量装置接线方式为_____。

29. 一次系统为 3/2 接线时，电流互感器采用_____接线方式连接。

30. 在对监控设备进行卫生清扫时，拆卸设备应放在_____上。

31. 变压器轻瓦斯保护动作，气体不变色时，检查是否因_____、_____或_____造成油面过低所致，及时联系加油和处理漏油。

32. 电力监控服务器各_____接口或_____的端口服务设置符合管理和安全要求，关闭不使用的端口服务。

33. 高压输电线路保护定值校验包括_____故障和_____故障动作正确。

34. 电力系统不允许长期非全相运行，为了防止断路器一相断开后，长时间非全相运行，应采取措施断开三相，并保证选择性。其措施是装设_____保护。

35. 根据 GB/T 14285—2023《继电保护和安全自动装置技术规程》，断路器应有足够数量的．动作逻辑正确、接触可靠的辅助触点供保护装置使用。辅助触点与主触头的动作时间差不大于_____。

36. 根据 DL/T 995—2016《继电保护和电网安全自动装置检验规程》，继电保护装置的定期检验分为全部检验、部分检验、_____。

37. 传送数字信号的保护与通信设备间的距离大于_____时，应采用光缆。

38. _____是指在设备或线路的被保护范围内发生故障时，保护装置具有的正确动作能力的裕度。

五、简答题

1. 在正常运行情况下，光伏发电站向电力调度部门或其他运行管理部门提供的信号至少应包括哪些?

2. 继电保护装置有什么作用？

3. 根据 GB 50797—2012《光伏发电站设计规范》，汇流箱应具有哪些保护功能？

4. 逆变器应有哪些保护及功能？

5. 继电保护双重化配置的根本目的是什么？

6. DL/T 317—2010《继电保护设备标准化设计规范》中对断路器有哪些要求？

7. DL/T 478—2013《继电保护及安全自动装置通用技术条件》对保护装置接地有哪些要求？

8. 什么是复合电压闭锁过电流保护？

9. 为什么差动保护不能代替瓦斯保护?

10. 零序保护一、二、三、四段的保护范围是怎样划分的?

11. 综合自动化系统的作用有哪些?

12. 什么是遥测、遥信、遥控和遥调?

13. 调度自动化系统对电源有什么要求?

14. 简述引起工频过电压、操作过电压的原因。

15. 简述电能质量的定义。

16. 电能质量监测装置巡视应检查哪些内容?

17. 防误闭锁装置退出的要求有哪些？

18. 变压器轻瓦斯保护动作的原因有哪些？

19. 降低计量电压二次回路压降的措施有哪些？

20. 继电保护装置二次回路例行检查与维护项目有哪些？

21.35kV 输电线路保护装置重点检验项目有哪些？

22. 蓄电池例行检查的项目与要求有哪些？

23. 蓄电池核对性放电试验的要求？

24. 简述二次交流回路绝缘检查方法。

六、案例分析题

某光伏发电站 35kV 系统采用"接地变压器＋小电阻"方式运行。

(1) 2014 年 1 月 22 日 11h46min39s675ms，35kV 电容器组 NZD782F - 252BE10 (V3.0) 保护装置报：不平衡电流保护动作。保护动作记录值为

$I_a=$ 10.51A，$I_b=$ 10.24A，$I_c=$ 10.32A，$3I_o=$ 0.012A，$U_{ab}=$ 95.37V，$U_{bc}=$ 94.82V，$U_{ca}=$ 95.11V，$3U_o=$ 0.76V，$U_{ub}=$ 0.09V，$I_{ub}=$ 19.39A。

(2) 2014 年 1 月 22 日 11h46min39s691ms，过电流 Ⅰ 段保护动作。保护动作记录值为 $I_a=$ 10.53A，$I_b=$ 10.36A，$I_c=$ 10.34A，$3I_o=$ 0.013A，$U_{ab}=$ 95.20V，$U_{bc}=$ 94.66V，$U_{ca}=$ 94.84V，$3U_o=$ 0.78V，$U_{ub}=$ 0.08V，$I_{ub}=$ 19.30A。

设备检查：LC1 滤波回路电抗器绝缘良好，外观未发现异常；LC1 滤波电容 A、B、C 三相接线柱有明显的放电痕迹，软连接搭接处有放电烧损痕迹。

请对保护动作进行分析，并对后续工作提出建议。

第六章　光伏发电站并网运行技术

一、单选题

1. 正常运行情况下，光伏发电站向电力调度部门提供远动信息应包括遥测量。下列属于遥测量的是（　　　）。

　　A. 光伏发电站的电压、电流、频率、功率因数

　　B. 并网点断路器位置信号

　　C. 事故总信号

　　D. 出线主要保护动作信号

2. 光伏发电站每天按照电网机构规定时间上报预测曲线，预测时间分辨率为（　　　）。

　　A. 5min　　　　　　B. 10min　　　　　　C. 15min　　　　　　D. 20min

3. 光伏发电站在 48Hz≤f＜49.5Hz 系统频率范围内，频率每次低于 50.5Hz，光伏发电站应能至少运行（　　　）。

　　A. 1min　　　　　　B. 5min　　　　　　C. 10min　　　　　　D. 15min

4. 光伏发电站并网点电压跌至 0V 时，光伏发电站应能不脱网连续运行（　　　）。

　　A. 0.1s　　　　　　B. 0.15s　　　　　　C. 0.2s　　　　　　D. 0.25s

5. 光伏发电站应配置独立的防孤岛保护装置，动作时间应不大于（　　　），防孤岛保护还应与（　　　）相配合。

　　A. 1s，电网侧线路保护　　　　　　B. 2s，电网侧线路保护

　　C. 1s，主变压器高后备保护　　　　D. 2s，主变压器低后备保护

6. 光伏发电系统启动时应考虑当前电网频率、电压偏差状态，当电网频率、电压偏差超出标准规定的正常运行范围时，光伏发电系统（　　　）。

　　A. 不应启动　　　　　　　　　　　B. 由运行人员作出判断

　　C. 得到调度部门允许后可以启动　　D. 可以启动

7. 通过 110（66）kV 及以上电压等级接入电网的光伏发电站应配备故障录波设备，该设备应具有足够的记录通道并能够记录故障前（　　　）到故障后（　　　）的情况。

A. 5s，55s   B. 10s，60s   C. 15s，65s   D. 20s，70s

8. 光伏发电站应在电力系统(   )频率范围内按规定连续运行。

A. 48Hz   B. 48~49.5Hz   C. 49.5~50.2Hz   D. >50.5Hz

9. 光伏发电站动态无功响应时间应不大于(   )。

A. 20ms   B. 30ms   C. 40ms   D. 50ms

10. 光伏发电站安装的并网逆变器应满足额定有功功率下功率因数在(   )的范围内动态可调。

A. 超前0.95~滞后0.95   B. 超前0.98~滞后0.98

C. 超前0.9~滞后0.95   D. 超前0.95~滞后0.9

11. 光伏发电站调度管辖设备供电电源应采用不间断电源装置（UPS）或站内直流电源系统供电，在交流供电电源消失后，不间断电源装置带负荷运行时间应大于(   )。

A. 20min   B. 30min   C. 40min   D. 60min

12. 根据 GB/T 19964—2024《光伏发电站接入电力系统技术规定》，光伏发电站应向电网调度机构提供光伏发电站接入电力系统检测报告；当累计新增装机容量超过（   ）时，需要重新提交检测报告。

A. 5MW   B. 10MW   C. 20MW   D. 30MW

13. 根据 GB/T 19964—2024《光伏发电站接入电力系统技术规定》，光伏发电站有功功率变化速率应不超过（   ）装机容量/min。

A. 5%   B. 10%   C. 15%   D. 20%

14. 根据 GB/T 19964—2024《光伏发电站接入电力系统技术规定》，装机容量（   ）及以上的光伏发电站应配置光伏发电功率预测系统。

A. 5MW   B. 10MW   C. 15MW   D. 20MW

15. 根据 GB/T 19964—2024《光伏发电站接入电力系统技术规定》，光伏发电站每天按照电网调度机构规定的时间上报次日 0 时至 24 时光伏发电站发电功率预测曲线，预测值的时间分辨率为(   )。

A. 5min   B. 10min   C. 15min   D. 20min

16. 根据 GB/T 19964—2024《光伏发电站接入电力系统技术规定》，通过（   ）及以上电压等级接入电网的光伏发电站，其升压站的主变压器应采用有载调压变压器。

A. 10kV   B. 35kV   C. 66kV   D. 110kV

17. 根据 GB/T 29321—2012《光伏发电站无功补偿技术规范》，当光伏发电站安装并联电抗器、电容器组或调压式无功补偿装置，在电网故障或异常情况下，引起光伏发电站并网点电压在高于1.2倍标称电压时，无功补偿装置容性部分应在（   ）内退出运行，感性部分应能至少持续运行( )。

A. 0.02s，1min B. 0.02s，3min C. 0.2s，4min D. 0.2s，5min

18. 根据 GB/T 29321—2012《光伏发电站无功补偿技术规范》，当光伏发电站安装动态无功补偿装置，在电网故障或异常情况下，引起光伏发电站并网点电压高于( )倍标称电压时，无功补偿装置可退出运行。

A. 0.9 B. 1.1 C. 1.2 D. 1.3

19. 根据 GB/T 29321—2012《光伏发电站无功补偿技术规范》，无功电压控制系统响应时间应不超过( )，无功功率控制偏差的绝对值不超过给定值的( )，电压调节精度在 0.005 倍标称电压内。

A. 1s，1% B. 5s，3% C. 10s，5% D. 15s，7%

20. 光伏电站并网运行时，向电网馈送的直流电流分量不应超过其交流电流额定值的( )。

A. 2.5% B. 1% C. 1.5% D. 0.5%

21. 小型光伏电站可不具备无功功率和电压调节能力，其输出有功功率大于其额定功率的 50% 时，功率因数应 ( )（超前或滞后）。

A. 不小于 0.98 B. 不小于 0.95 C. 大于 0.95 C. 大于 0.98

22. 对电力系统故障期间没有切出的光伏发电站，其有功功率在故障清除后应快速恢复，自故障清除时刻开始，以至少( )的功率变化率恢复至故障前的值。

A. 2% 额定功率/s B. 10% 额定功率/s

C. 5% 最大功率/s D. 7% 最大功率/s

23. 对于小型光伏发电站，当并网点电压 U 大于 110% 并网点标称电压 U_n，但小于 135%U_n 时，要求在( )的时间内停止向电网线路送电。此要求适用于三相系统中的任何一相。

A. 0.1s B. 2s C. 0.5s D. 0.05s

24. 大、中型光伏发电站应具备一定的耐受系统频率异常的能力，当光伏发电站并网点频率高于 50.5Hz 时，在( )内停止向电网线路送电，且不允许停运状态的光伏发电站并网。

A. 0.1s B. 0.2s C. 0.5s D. 0.05s

25. 系统在不可逆流的并网方式下工作，当检测到供电变压器次级处的逆流为逆变器额定输出的( )时，逆向功率保护应在 0.5~2s 内将光伏系统与电网断开。

A. 2.5% B. 1% C. 5% D. 0.5%

26. 光伏系统的输出应有较低的电流畸变，以确保不对连接到电网的其他设备造成不利影响。总谐波电流应小于逆变器额定输出的( )。

A. 2.5%　　　　　B. 1%　　　　　　C. 5%　　　　　D. 0.5%

27. 小型光伏发电站可不具备无功功率和电压调节能力，输出有功功率（　　）时，功率因数应不小于0.95（超前或滞后）。

A. 小于20%　　　B. 大于50%　　　　C. 在20%～50%之间

28. 对于小型光伏发电站，当并网点电压U小于50%并网点标称电压U_n时，要求在（　　）的时间内停止向电网线路送电。此要求适用于三相系统中的任何一相。

A. 0.1s　　　　　B. 2s　　　　　　C. 0.5s　　　　　D. 0.05s

29. 对于小型光伏发电站，当并网点电压U大于135%并网点标称电压U_n时，要求在（　　）的时间内停止向电网线路送电。此要求适用于三相系统中的任何一相。

A. 0.1s　　　　　B. 2s　　　　　　C. 0.5s　　　　　D. 0.05s

30. 根据Q/GDW 617—2011《光伏电站接入电网技术规定》，正常运行时，光伏系统和电网接口处的电压允许偏差应符合GB/T 12325—2008《电能质量　供电电压偏差》的规定。三相电压的允许偏差为额定电压的（　　），单相电压的允许偏差为额定电压的+7%、−10%。

A. ±10%　　　　　B. ±5%　　　　　　C. ±7%

31. 100MW光伏发电站正常运行情况下，有功功率变化速率应不超过（　　）。

A. 5MW/min　　　B. 10MW/min　　　C. 15MW/min　　　D. 20MW/min

32. 220～500kV线路分相操作断路器使用单相重合闸，要求断路器三相合闸不同期时间不大于（　　）。

A. 1ms　　　　　B. 5ms　　　　　　C. 10ms　　　　　D. 15ms

33. SVG动态无功补偿装置中用于实现电气隔离、电流平波、限制无功输出电流及滤除装置中高次谐波的是（　　）。

A. 控制部分　　　B. 功率部分　　　　C. 启动部分　　　　D. 连接电抗器

34. 光伏发电站的逆变器应具备过载能力，在1.2倍额定电流以下，光伏发电站连续可靠工作时间不应小于（　　）。

A. 30s　　　　　B. 1min　　　　　　C. 2min　　　　　D. 3min

35. GBT 29321—2012《光伏发电站无功补偿技术规范》规定，通过35～110kV电压等级接入电网的光伏发电站，其并网点电压偏差为（　　），恢复电压为系统标称电压的±10%。

A. ±5%　　　　　B. ±10%　　　　　C. −3%～+7%　　　D. ±7%

36. 光伏发电站发电时段的短期预测月平均绝对误差应小于0.15，月合格率应大于（　　）；超短期预测第4h平均绝对误差应小于0.1，月合格率应大于（　　）。

A. 75%，80%　　B. 80%，85%　　　　C. 85%，90%　　　D. 90%，95%

37. 光伏发电站必须在并网点电压跌至 20％额定电压时能够维持并网运行（　　）。

    A. 625ms　　　　　B. 2s　　　　　　C. 0.15s　　　　　D. 0s

38. 光伏发电站并网点电压在发生跌落后（　　）内能够恢复到额定电压的 90％时，光伏发电站必须保持并网运行。

    A. 625ms　　　　　B. 2s　　　　　　C. 0.15s　　　　　D. 0s

39. 光伏发电站并网点电压不低于额定电压的 90％时，光伏发电站必须（　　）运行。

    A. 停止　　　　　B. 不间断　　　　C. 并网　　　　　D. 不间断并网

40. 光伏发电站环境监测仪功能不包括（　　）。

    A. 直接辐射　　　B. 总辐射　　　　C. 光伏组件转换效率　D. 温度

41. 电网低电压运行会产生危害，除了下列选项中的（　　）。

    A. 造成发电机有功功率输出稳定极限下降

    B. 造成送变电设备输电能力下降

    C. 造成电气设备绝缘损坏

    D. 补偿电容器提供无功功率下降

42. 220kV 及以下电压等级的变电站中，应根据无功电压控制的需要配置（　　），其容性补偿容量可按主变压器容量的 0.10～0.30 确定。

    A. 感性补偿设备　　　　　　　　B. 无功补偿设备

    C. 电抗器　　　　　　　　　　　D. 分流器

43. NB/T 32011—2013《光伏发电站功率预测系统技术要求》规定，光伏发电功率预测是指根据气象条件、统计规律等技术和手段，对光伏发电站（　　）进行预报。

    A. 有功功率　　　B. 无功功率　　　C. 有功　　　　　D. 无功

44. GB/T 19964—2024《光伏发电站接入电力系统技术规定》规定，光伏发电站调度管辖设备供电电源应采用不间断电源装置 UPS 或站内直流电源系统供电，在交流供电电源消失后，不间断电源装置带负荷运行时间应大于（　　）。

    A. 20min　　　　　B. 40min　　　　C. 60min　　　　D. 80min

45. 光功率预测系统的实时功率数据、设备运行状态的采集时间间隔应不大于（　　）。

    A. 5min　　　　　B. 10min　　　　C. 15min　　　　D. 30min

46. 太阳能光伏发电系统区域内（　　）对系统运行及安全可能产生影响的设施。

    A. 根据情况增设　　　　　　　　B. 可以增设

    C. 严禁增设　　　　　　　　　　D. 不得增设

47. 光伏发电站功率预测系统所有数据应进行完整性和合理性检测，并对预测和

（　　）数据进行补充和修正。

A. 基础　　　　　B. 系统　　　　　C. 异常　　　　　D. 标准

48. 光伏发电站功率预测系统所有数据应保存（　　）年。

A. 3　　　　　B. 5　　　　　C. 10　　　　　D. 1

49. 实时气象数据应采集数据可用率应大于（　　）。

A. 0.95　　　　　B. 0.99　　　　　C. 0.9　　　　　D. 0.97

50. 光伏发电站实时功率数据、设备运行状态（含组件温度）应取自光伏发电站计算机监控系统，采集时间间隔应不大于（　　）。

A. 3min　　　　　B. 5min　　　　　C. 2min　　　　　D. 1min

51. 光伏发电站应能参与自动电压控制，总容量在（　　）及以上的光伏发电站应能参与自动发电控制。

A. 5MW　　　　　B. 10MW　　　　　C. 15MW

52. 光伏发电站应有多重无功控制模式，具备根据运行需要（　　）的能力。

A. 离线切换模式　　B. 在线切换模式　　C. 延时切换模式　　D. 立即切换模式

53. 光伏发电站功率预测根据气象条件、（　　）等技术手段，对光伏发电站有功功率进行预报。

A. 分类　　　　　B. 汇总　　　　　C. 计算　　　　　D. 统计规律

54. 光伏发电处于（　　）发电时段，光伏发电站安装的无功补偿装置应按照电力调度的指令运行。

A. 正常　　　　　B. 平稳　　　　　C. 非　　　　　D. 安全

55. 光伏发电站无功电压控制系统应能监控各部件的运行状态，下列选项中不属于同一协调控制的是（　　）。

A. 并网逆变器　　　　　　　　B. 无功补偿装置

C. 升压变压器分接头　　　　　D. 升压变压器变比

56. 光功率预测系统的数值天气预报数据时段至少为（　　）。

A. 当日　　　　　　　　B. 次日零时起至未来24h

C. 次日零时起至未来48h　　D. 次日零时起至未来72h

57. 光伏发电站功率预测系统应运行于电力二次系统的（　　），与调度计划系统相接。

A. 安全区Ⅰ　　　B. 安全区Ⅱ　　　C. 安全区Ⅲ　　　D. 外网

58. 光功率预测系统短期预测的月均方根误差应小于（　　）。

A. 0.05　　　　　B. 0.1　　　　　C. 0.15　　　　　D. 0.2

二、多选题

1. 光伏发电站应按国家相关标准规定进行（　　）检测。

A. 电能质量 B. 有功（无功）功率控制能力

C. 低电压穿越能力 D. 电压、频率适应能力

2. 光伏发电站的无功电源包括（　　）。

A. 光伏并网逆变器 B. 光伏发电站集中无功补偿装置

C. 电力变压器 D. 电力线路

3. GB/T 19964—2024《光伏发电站接入电力系统技术规定》规定，装机容量10MW及以上的光伏发电站应配置光伏发电功率预测系统，系统具有（　　）短期光伏发电功率预测以及（　　）超短期光伏发电功率预测功能。

A. 0h，72h B. 0h，24h C. 15min，4h D. 30min，4h

4. GB/T 19964—2024《光伏发电站接入电力系统技术规定》规定，光伏发电站与电网调度机构之间的通信方式、传输通道和信息传输由电网调度机构作出规定，包括提供遥测信号、（　　）等。

A. 遥信信号 B. 遥控信号 C. 遥调信号 D. 安全自动装置

5. GB/T 19964—2024《光伏发电站接入电力系统技术规定》规定，关于光伏发电站调度自动化的建设，光伏发电站应配备（　　）设备等，并满足电力二次系统设备技术管理规范要求。

A. 计算机监控系统 B. 电能量远方终端设备

C. 二次系统安全防护设备 D. 调度数据网络接入设备

6. GB/T 29319—2024《光伏发电系统接入配电网技术规定》规定，光伏发电系统在其无功输出范围内，应具备根据并网点电压水平调节无功输出，参与电网电压调节的能力，其（　　）等参数可由电网调度机构设定。

A. 调节方式 B. 参考电压 C. 电压调差率 D. 电流

7. GB/T 29321—2012《光伏发电站无功补偿技术规范》规定，光伏发电站参与电网电压调节的方式包括调节光伏发电站的（　　）等多种方式。

A. 并网逆变器无功功率 B. 无功补偿装置无功功率

C. 升压变压器的变比 D. 有功功率

8. Q/GDW 617—2011《光伏电站接入电网技术规定》规定，光伏发电站的无功功率和电压调节的方式包括（　　）等。

A. 调节逆变器无功功率 B. 调节无功补偿设备投入量

C. 调节逆变器有功功率 D. 调整光伏电站升压变压器的变比

9. 大、中型光伏电站并网运行后，有义务按照调度指令参与电力系统的（　　）。

A. 调频　　　　　B. 调峰　　　　　C. 备用　　　　　D. 调压

10. GB/T 29321—2012《光伏发电站无功补偿技术规范》规定，光伏发电站并网逆变器应具有多种控制模式，包括（　　）等，具备根据运行需要手动、自动切换模式的能力。

A. 恒电压控制　　　　　　　　　B. 恒频率控制

C. 恒功率因数控制　　　　　　　D. 恒无功功率控制

11. GB/T 29321—2012《光伏发电站无功补偿技术规范》规定，无功电压控制系统应具备（　　）通信、启动（停止）顺序控制、文件记录等功能。

A. 计算　　　　B. 自动调节　　　　C. 监视　　　　D. 闭锁

12. GB/T 29319—2024《光伏发电系统接入配电网技术规定》规定，光伏发电系统在其无功输出范围内，应具备根据并网点电压水平调节无功输出，参与电网电压调节的能力，其（　　）等参数可由电网调度机构设定。

A. 电压调差率　　B. 调节方式　　　C. 调节速度　　　D. 参考电压

13. GB/T 29319—2024《光伏发电系统接入配电网技术规定》规定，光伏发电站无功补偿装置配置应根据光伏发电站实际情况，如（　　）等，进行无功电压研究后确定。

A. 安装容量　　B. 安装型式　　　C. 内汇集线分布

D. 送出线路长度　E、接入电网情况

14. 光功率预测系统的数值天气预报数据包括（　　）等参数。

A. 总辐射辐照度　　　　　　　　B. 云量

C. 风速、风向　　　　　　　　　D. 气温、湿度、气压

15. 光伏发电站监控系统有功调节方面需实时上送的信息包括（　　）。

A. 全站有功出力的输出范围

B. 全站有功出力变化率

C. 全站有功功率

16. 光伏发电站的有功功率按照（　　）来进行控制。

A. 计划曲线　　　　　　　　　　B. 电压控制曲线

C. 调度下发的 AGC 指令　　　　D. 调度下发的 AVC 指令

17. NB/T 32011—2013《光伏发电站功率预测系统技术要求》规定，光功率预测系统的（　　）数据应取自光伏发电站计算机监控系统。

A. 天气预报数据　　　　　　　　B. 实时气象数据

C. 实时功率数据　　　　　　　　D. 运行状态

三、判断题

1. 光伏逆变器除具备低电压穿越能力外，机端电压原则上应具有 1.3 倍额定电压持

续 500ms 的高电压穿越能力。　　　　　　　　　　　　　　　　　　　（　　）

2. 发生故障后，光伏发电站应及时向电力调度机构报告故障及相关保护动作情况，及时收集、整理、保存相关资料，积极配合调查。　　　　　　　　　　（　　）

3. 接入 110kV（66kV）及以上电压等级公用电网的光伏发电站，其配置的容性无功容量应能够补偿光伏发电站满发时站内汇集线路、主变压器的全部感性无功及光伏发电站送出线路的全部感性无功之和。　　　　　　　　　　　　　　　（　　）

4. 光伏发电站的无功和电压考核点为光伏发电站并网点。　　　　　　（　　）

5. GB/T 19964—2024《光伏发电站接入电力系统技术规定》规定，当电力系统频率高于 50.5Hz 时，按照电网调度机构指令降低光伏发电站有功功率，严重情况下切除整个光伏发电站。　　　　　　　　　　　　　　　　　　　　　　　（　　）

6. GB/T 29321—2012《光伏发电站无功补偿技术规范》规定，光伏发电站处于非发电时段，光伏发电站安装的无功补偿装置也应按照电力系统调度机构的指令运行。（　　）

7. GB/T 29321—2012《光伏发电站无功补偿技术规范》规定，对于通过 220kV（或 330kV）光伏发电汇集系统升压至 500kV（或 750kV）电压等级接入电网的光伏发电站群中的光伏发电站，在电力系统故障引起光伏发电站并网点电压低于 0.95 倍标称电压时，光伏发电站的无功补偿装置应配合站内其他无功电源按照高电压穿越无功支持的要求发出无功功率。　　　　　　　　　　　　　　　　　　　　　　（　　）

8. GB/T 29321—2012《光伏发电站无功补偿技术规范》规定，在电网特殊运行方式下，当通过调节无功和有载调压变压器不能满足电压调节要求时，应根据电网调度机构的指令通过调节有功功率进行电压控制。　　　　　　　　　　　　（　　）

9. Q/GDW 617—2011《光伏电站接入电网技术规定》规定，有功功率变化即在一定时间间隔内，光伏电站有功功率最大值与最小值之差。该标准规定了 2min 及 10min 有功功率变化。　　　　　　　　　　　　　　　　　　　　　　　　　（　　）

10. Q/GDW 617—2011《光伏电站接入电网技术规定》规定，光伏电站所接入的公共连接点的谐波注入电流应满足 GB/T 14549—1993《电能质量　公用电网谐波》的要求，其中光伏发电站向电网注入的谐波电流允许值按照光伏发电站装机容量与其公共连接点上具有谐波源的发（供）电设备总容量之比进行分配。　　　　　（　　）

11. Q/GDW 617—2011《光伏电站接入电网技术规定》规定，光伏电站所接入的公共连接点的电压波动和闪变应满足 GB/T 12326—2008《电能质量　电压波动和闪变》的要求，其中光伏发电站引起的闪变值按照光伏发电站装机容量与公共连接点上的干扰源总容量之比进行分配。　　　　　　　　　　　　　　　　　　　　（　　）

12. Q/GDW 617—2011《光伏电站接入电网技术规定》规定，大、中型光伏电站并网运行后，有义务按照调度指令参与电力系统的调压工作以保持电网稳定，但无义务参

与调频、调峰和备用。（　　）

13. GB/T 29319—2024《光伏发电系统接入配电网技术规定》规定，光伏发电系统并网点向电力系统注入的谐波电流允许值按照光伏发电系统安装容量与公共连接点上发（供）电设备总容量之比进行分配。（　　）

14. GB/T 29321—2012《光伏发电站无功补偿技术规范》规定，光伏发电站可在升压变压器低压侧配置集中无功补偿装置，集中升压变压器光伏发电站可在汇集点安装集中无功补偿装置。（　　）

15. GB/T 29321—2012《光伏发电站无功补偿技术规范》规定，光伏发电站无功补偿装置应具备自动控制功能，应在其无功调节范围内按光伏发电站无功、电压控制系统的指令进行无功、电压控制。（　　）

16. GB/T 29319—2024《光伏发电系统接入配电网技术规定》规定，光伏发电系统功率因数应在超前 0.95～滞后 0.95 范围内动态可调。（　　）

17. GB/T 29319—2024《光伏发电系统接入配电网技术规定》，规定当光伏发电系统并网点电压 $U<50\%U_n$ 时，最大分闸时间不超过 0.1s。（　　）

18. 光伏发电站并网点电压跌至 0V 时，光伏发电站应能不脱网连续运行 0.15s。（　　）

19. 在电力系统中，负荷吸取的有功功率与系统频率的变化有关，系统频率升高时，负荷吸取的有功功率随着增高；频率下降时，负荷吸取的有功功率随着下降。（　　）

20. 一次调频是指调度中心的自动发电控制程序（AGC）通过远动通道对发电机进行控制，从而快速消除频率偏差。（　　）

21. 依据 GB/T 32507—2016《电能质量　术语》，电压和相位不成线性关系的电气设备称为非线性负荷。（　　）

22. DL/T 1707—2017《电网自动电压控制运行技术导则》规定，发电厂 AVC 子站宜利用原有励磁控制通道接入励磁增减磁控制，且应能识别励磁系统非正常运行状态，自动闭锁或退出 AVC 自动控制。（　　）

23. DL/T 5554—2019《电力系统无功补偿及调压设计技术导则》规定，高压电抗器容量选择应注意避免工频谐振，补偿度一般在 60%～90%。（　　）

24. GB/T 31464—2022《电网运行准则》规定，自动发电控制是指通过自动控制程序，实现对控制区内各发电机组有功出力的自动重新调节分配，来维持系统稳定、联络线交换功率在计划目标范围内的控制过程。（　　）

25. 依据 NB/T 32011—2013《光伏发电站功率预测系统技术要求》，预测系统月可利用率是指在每个月中，预测系统运行时间与总时间的比值。（　　）

26. DL/T 5554—2019《电力系统无功补偿及调压设计技术导则》规定，无励磁调压变压器在日高峰和低谷负荷方式下，其变压器抽头维持不变，在季节性负荷方式下可调整抽头，有载调压变压器则根据系统需要作为备用电压调节手段。　　　（　　）

27. AVC、AGC 系统监控界面所有数据不能正常刷新可能的原因为服务器相关进程错误。可检查网线是否松动，并紧固。　　　（　　）

28. AVC、AGC 系统指令下发后逆变器未响应相关命令可能因为数据量较大，堵塞相关下发命令通道。可重启服务器所有进程，并重新下发一次命令。　　　（　　）

四、填空题

1. Q/GDW 617—2011《光伏电站接入电网技术规定》规定，光伏系统并网运行仅对＿＿＿＿时，电网接口处的三相电压不平衡度不应超过 GB/T 15543—2008《电能质量 三相电压不平衡》规定的数值，允许值为＿＿＿＿，短时不得超过＿＿＿＿。

2. 依据 GB/T 19964—2024《光伏发电站接入电力系统技术规定》，光伏发电站的无功电源包括光伏并网＿＿＿＿及光伏发电站＿＿＿＿。

3. 依据 GB/T 19964—2024《光伏发电站接入电力系统技术规定》，光伏发电站并网点电压跌落至 0V 时，光伏发电站应能不脱网连续运行＿＿＿＿，并网点电压跌落至 20% 标称电压时，光伏发电站应能不脱网连续运行＿＿＿＿。

4. 依据 GB/T 19964—2024《光伏发电站接入电力系统技术规定》，电力系统故障期间没有脱网的光伏发电站，其有功功率在故障清除后应快速恢复，自故障清除时刻开始，以至少＿＿＿＿的功率变化率恢复至正常发电状态。

5. 依据 GB/T 19964—2024《光伏发电站接入电力系统技术规定》，光伏发电站并网点电压在＿＿＿＿范围时，光伏发电站应至少持续运行 10s；并网点电压在＿＿＿＿范围时，光伏发电站应至少持续运行 0.5s。

6. 依据 GB/T 19964—2024《光伏发电站接入电力系统技术规定》，电力系统频率每次低于＿＿＿＿，光伏发电站应能至少运行 10min；频率每次高于 50.2Hz，光伏发电站应能至少运行＿＿＿＿，并执行电网调度机构下达的降低输出功率或高周切机策略；不允许处于停运状态的光伏发电站并网。

7. 依据 Q/GDW 617—2011《光伏电站接入电网技术规定》，光伏发电站有功功率变化包括 10min 有功功率变化和 1min 有功功率变化，＿＿＿＿光伏发电站 1min 有功功率变化最大限值为＿＿＿＿MW。

8. 依据 Q/GDW 617—2011《光伏电站接入电网技术规定》，光伏发电站应具备一定的过电流能力，在＿＿＿＿倍额定电流以下，光伏发电站连续可靠工作时间应不小于 1min。

9. 依据 Q/GDW 617—2011《光伏电站接入电网技术规定》，光伏发电站应在并网运行后＿＿＿＿个月内向电网企业提供有关光伏电站运行特征的测试报告，以表明光伏电站满足接入电网的相关规定。

10. 依据 GB/T 29321—2012《光伏发电站无功补偿技术规范》，光伏发电站动态无功响应时间应不大于_____。

11. 依据 GB/T 29321—2012《光伏发电站无功补偿技术规范》，光伏发电站的无功容量应满足_____和_____基本平衡的原则，无功补偿容量应在充分考虑_____方式及_____的原则下进行配置，并满足_____要求。

12. 依据 GB/T 29321—2012《光伏发电站无功补偿技术规范》，光伏并网逆变器功率因数应能在_____范围内连续可调。

13. 光伏发电站应配置无功电压控制系统，系统应具有多种控制模式，包括_____、_____、_____等，能够按照电力调度机构指令，自动调节光伏发电站的无功功率，控制光伏发电站并网点电压在正常运行范围内，其_____和_____应能满足电力系统电压调节的要求。

14. 电力系统自动发电控制（AGC）方式主要有_____、_____、_____，应根据电力系统特点、调度管理体制和电力市场要求进行合理选择，并进行性能考核。

15. 光伏发电站应具备一定的过电流能力，在 120%倍额定电流以下，光伏发电站连续可靠工作时间应_____。

16. _____是衡量电源和负载中电抗元件能量交换规模的物理量，在数值上等于瞬时功率的最大值。

17. 光伏发电站应具备参与电力系统的_____和_____的能力，并符合 DL/T 1040—2007《电网运行准则》的相关规定。

18. 依据 DL/T 1707—2017《电网自动电压控制运行技术导则》中，应用计算机系统、通信网络和可调控设备，根据电网实时运行工况在线计算控制策略，自动闭环控制无功和电压调节设备，以实现合理的无功电压分布的方式称为_____。

19. AVC 发电厂子站无功策略运算周期不应大于 15s，控制周期不应大于_____s。

20. 为提高电力系统稳定、防止电压崩溃、提高输送容量，经技术经济比较合理时，可在适当位置选型安装_____设备。

21. 220kV 及以下电压等级的变电站中，容性无功补偿容量可按主变压器容量的_____确定。

22. 光功率预测系统应当部署在光伏发电站划分安全区中的_____。

23. 调度中心的自动发电控制程序 AGC 通过远动通道对发电机进行控制，从而快速消除频率偏差，被称为_____。

24. 依据 DL/T 1707—2017《电网自动电压控制运行技术导则》，AVC 系统应以保证电网安全为目标，兼顾优质和经济运行的要求，提高电网电压稳定裕度，维持_____

合格，促进_____合理分布，降低电网传输损耗。

25. 低电压穿越为在电力系统故障或扰动引起光伏发电站并网点电压跌落时，在一定的电压跌落范围和时间间隔内，光伏发电站能够保证_____。

26. AVC、AGC 系统异常调度下发指令不更新，不能接受正常指令，若调度重新下发后还未接受指令，可能是站内调度数据网关卡不能正常工作，可申请调度重启_____设备与相关通信装置。

27. 光功率预测系统超短期预测的时间分辨率为_____min。

28. 光功率预测系统的所有数据应至少保存_____年。

五、简答题

1. 请画出光伏发电站的低电压穿越能力要求曲线。

2. 依据光伏发电站无功补偿技术相关规范，通过 330kV 及以上电压等级接入电网的光伏发电站，其电压偏差是如何规定的？

3. 对于通过 220kV（或 330kV）光伏发电汇集系统升压至 500kV（或 750kV）电压等级接入电网的光伏发电站群中的光伏发电站，其无功容量配置宜满足哪些要求？

4. 依据 GB/T 19964—2024《光伏发电站接入电力系统技术规定》，并网检测的基本要求有哪些？

5. GB/T 19964—2024《光伏发电站接入电力系统技术规定》，并网检测的检测内容有哪些?

6. 根据 GB/T 31464—2022《电网运行准则》相关内容，简述控制电网频率的措施。

7. 什么是光伏电站自动发电控制系统（AGC)?

8. 静止无功补偿发生器（SVG）的原理是什么?

六、案例分析题

某光伏电站逆变器交流输出额定电压为 800V，电网故障导致交流电压降低至 516V后 1.5s 跳闸。根据 GB/T 19964—2024《光伏发电站接入电力系统技术规定》中有关低电压穿越的规定，画出光伏发电站的低电压穿越曲线，并判断该逆变器动作情况是否正确。

第七章　光伏发电站运行与检修

一、单选题

1. 隔离开关是指在分位置时，触头间有符合规定要求的绝缘距离和明显的断开标志；在合位置时，能承载正常回路条件下的电流及在规定时间内（　　）的开关设备。

A. 异常条件（如短路）下的电流　　　　　B. 天气恶劣条件下的电流

C. 异常条件（如短路）下的电压　　　　　D. 负荷电流

2. 变压器中性点接地开关（　　）必须对铜辫截面进行一次校核。

A. 半年　　　　　B. 一年　　　　　C. 两年　　　　　D. 三年

3. 六氟化硫电气设备室必须装设机械排风装置，其排风机电源开关应设置在（　　），排气口距离地面高度应小于（　　）。

A. 门外，0.3m　　B. 门外，0.5m　　C. 室内，0.3m　　D. 室外，0.5m

4. 光伏发电站装机容量为30MW及以下的，光伏组件检修测试红外热斑测试抽检比例为（　　）。

A. 0.5%　　　　　B. 1%　　　　　C. 0.2%　　　　　D. 2%

5. 每年应在雷雨季节到来前后对光伏发电站的防雷接地进行一次测试和检查。建筑物、光伏方阵的接地电阻应小于（　　），升压站的接地电阻应小于（　　）。

A. 10Ω，4Ω　　　B. 4Ω，1Ω　　　C. 0.5Ω，1Ω　　　D. 4Ω，0.5Ω

6. 应每月对二次防护、加固、加密和隔离装置进行检查，定期更新（　　），或按调度要求进行检查更新。

A. 防火墙　　　　B. 病毒库　　　　C. 纵向加密　　　　D. OMS系统

7. 空载变压器充电时引起励磁涌流的原因是（　　）。

A. 线圈对地电容充电　　　　　　　　B. 合闸于电压最大值

C. 铁芯磁通饱和　　　　　　　　　　D. 上述原因均不对

8. 变压器上层油温要比中下层油温（　　）。

A. 低　　　　　　B. 高　　　　　　C. 不变　　　　　　D. 不确定

9. 为防止大型变压器损坏，对运行年限超过（　　）年的储油柜胶囊和隔膜应更换。

A. 8   B. 10   C. 15   D. 20

10. 光伏发电站的设备应定期巡检，其中光伏组件的巡视和检查周期为（　　）。

A. 每月一次   B. 每三月一次   C. 每半年一次   D. 每年一次

11. 根据 GB/T 36567—2018《光伏组件检修规程》，检修工作开始前，应收集前期运维、检修资料和相关缺陷测试结果；检查绝缘手套、绝缘靴、组件特性测试仪、直流钳形表、电流表、万用表、绝缘电阻测试仪、红外测温仪等，测量设备精度应不低于（　　）级。

A. 0.2   B. 0.4   C. 0.5   D. 1.0

12. 根据 GB/T 36567—2018《光伏组件检修规程》，监测光伏发电系统某支路电流值与同一汇流箱中其他支路平均电流相比偏差率超过（　　）时，且确定为故障时，应按故障检修方式进行。

A. 2％   B. 5％   C. 10％   D. 15％

13. 根据 GB/T 36567—2018《光伏组件检修规程》，相同条件下显示光伏发电系统某一汇流箱发电量小于同一逆变器其他汇流箱（　　）％以上时，应按故障检修方式进行。

A. 2％   B. 5％   C. 10％   D. 15％

14. 根据 GB/T 36567—2018《光伏组件检修规程》，红外热斑测试时，测试辐照度应高于（　　），同一光伏组件不同区域外表面正上方温度差超过 20℃的区域，应视为发生热斑。

A. 200W/m²   B. 400W/m²   C. 600W/m²   D. 700W/m²

15. 变压器投切时会产生（　　）。

A. 操作过电压   B. 大气过电压   C. 雷击过电压   D. 系统过电压

16. 交流测量仪表所指示的读数是正弦量的（　　）。

A. 有效值   B. 最大值   C. 平均值   D. 瞬时值

17. 相同条件下显示光伏发电系统某一汇流箱发电量小于同一逆变器其他汇流箱（　　）以上时，应按故障检修方式进行。

A. 15％   B. 10％   C. 20％   D. 5％

18. 根据 GB/T 36567—2018《光伏组件检修规程》，光伏组件检修所用工器具和仪器仪表应（　　）合格，并在有效期内。

A. 检验校准   B. 试验   C. 检查

19. 太阳能光伏发电系统中，太阳电池组件表面被污物遮盖，会影响整个太阳电池方阵所发出的电力，从而产生（　　）。

A. 霍尔效应   B. 孤岛效应   C. 充电效应   D. 热斑效应

20. 直流汇流箱的运行与维护应符合的规定是（　　）。

A. 直流汇流箱不得存在变形、锈蚀、漏水、积灰现象，箱体外表面的安全警示标志应完整、无破损，箱体上的防水锁启闭应灵活

B. 直流汇流箱内各个接线端子不应出现松动、锈蚀现象

C. 直流汇流箱内的高压直流熔丝的规格应符合设计规定

D. 以上 3 个选项均正确

21. 光伏组件应定期检查，若发现下列问题（　　）时应立即调整或更换光伏组件。

A. 光伏组件存在玻璃破碎、背板灼焦、明显的颜色变化

B. 光伏组件中存在与组件边缘或任何电路之间形成连通通道的气泡

C. 光伏组件接线盒变形、扭曲、开裂或烧毁，接线端子无法良好连接

D. 以上 3 个选项均正确

22. 支架的维护应符合下列规定（　　）。

A. 所有螺栓、焊缝和支架连接应牢固可靠

B. 支架表面的防腐涂层，不应出现开裂和脱落现象，否则应及时补刷

C. 支架平整，没有倾斜等现象

D. 以上 3 个选项均正确

23. 光伏建材和光伏构件应定期由专业人员检查、清洗、保养和维护，若发现下列问题（　　）时应立即调整或更换。

A. 中空玻璃结露、进水、失效，影响光伏幕墙工程的视线和热性能

B. 玻璃炸裂，包括玻璃热炸裂和钢化玻璃自爆炸裂

C. 玻璃松动、开裂、破损等

D. 以上 3 个选项均正确

24. 交流配电柜维护时应注意的项目有（　　）。

A. 确保配电柜的金属架与基础型钢应用镀锌螺栓完好连接，且防松零件齐全

B. 配电柜标明被控设备编号、名称或操作位置的标志器件应完整，编号应清晰、工整

C. 母线接头应连接紧密，不应变形，无放电变黑痕迹，绝缘无松动和损坏，紧固联接螺栓不应生锈

D. 以上 3 个选项均正确

25. 交流配电柜维护时应注意的安全事项有（　　）。

A. 停电后应验电，确保在配电柜不带电的状态下进行维护

B. 在分段保养配电柜时，带电和不带电配电柜交界处应装设隔离装置

C. 在电容器对地放电之前，严禁触摸电容器柜

D. 以上 3 个选项均正确

26. 控制器运行与维护应符合的规定有（　　）。

A. 控制器过充电电压、过放电电压的设置应符合设计要求

B. 控制器上的警示标志应完整、清晰

C. 控制器各接线端子不得出现松动、锈蚀现象

D. 以上 3 个选项均正确

27. 逆变器的运行与维护应符合的规定有（　　）。

A. 变器结构和电气连接应保持完整，不应存在锈蚀、积灰等现象，散热环境应良好，逆变器运行时不应有较大振动和异常噪声

B. 逆变器上的警示标志应完整、无破损

C. 逆变器中直流母线电容温度过高或超过使用年限，应及时更换

D. 以上 3 个选项均正确

28. 在无阴影遮挡条件下工作时，在太阳辐照度为（　　）以上，风速不大于（　　）的条件下，同一光伏组件外表面（电池正上方区域）温度差异应小于（　　）。装机容量大于 50kW 的光伏发电站，应配备红外线热像仪，检测光伏组件外表面温度差异。

A. 600W/m²，5m/s，20℃　　　　　B. 400W/m²，2m/s，15℃

C. 500W/m²，4m/s，25℃　　　　　D. 800W/m²，6m/s，10℃

29. 光伏发电站的主要部件在运行时，（　　）不应出现异常情况，指示灯应正常工作并保持清洁。

A. 温度、声音、气味　　　　　B. 温度

C. 声音　　　　　D. 气味

30. 在清洗电池板时，辐射照度要低于（　　）。

A. 200W/m²　　B. 150W/m²　　　C. 250W/m²　　　D. 100W/m²

31. 严禁在风力大于（　　）、大雨或大雪的气象条件下清洗电池板。

A. 3 级　　　B. 4 级　　　C. 5 级　　　D. 2 级

32. 使用金属边框的光伏组件，边框和支架应结合良好，两者之间接触电阻应不大于（　　）。

A. 2Ω　　　B. 5Ω　　　C. 3Ω　　　D. 4Ω

33. 使用金属边框的光伏组件，金属边框（　　）。

A. 必须牢固接地　　　　　B. 接不接地都行

C. 不应该接地　　　　　D. 部分接地

34. 使用直流钳型电流表在太阳辐射强度基本一致的条件下测量接入同一个直流汇流箱的各光伏组件串的输入电流，其偏差应不超过（　　）。

A. 5%　　　　　　B. 6%　　　　　　C. 4%　　　　　　D. 2%

35. 汇流箱和直流柜直流输出母线的正极对地、负极对地的绝缘电阻应大于（　　）。

A. 2MΩ　　　　　B. 1MΩ　　　　　C. 1.5MΩ　　　　　D. 0.5MΩ

36. 一般情况下，额定电压在 500V 以上的设备，应使用的绝缘电阻表测量绝缘量程为（　　）。

A. 5000～10000V　　　　　　　　　B. 2500～5000V

C. 1000～2500V　　　　　　　　　D. 500V 或 1000V

37. 在测量 380V 交流电动机绝缘时，选用（　　）绝缘电阻表测量。

A. 500V　　　　　B. 1000V　　　　　C. 2500V　　　　　D. 5000V

38. 光伏发电站至少每（　　）检查一次安全标示牌，如发现有破损、变形、褪色等不符合要求时应及时修整或更换。

A. 季度　　　　　B. 半年　　　　　C. 一年　　　　　D. 一个月

39. 光伏发电站交接班内容包括（　　）。

A. 接地线和接地开关的使用情况　　　B. 设备的特殊巡视和专项检查工作

C. 车辆维护保养及使用情况　　　　　D. 以上 3 个选项均正确

40. 光伏发电站交班要做到的"五不交"包括（　　）

A. 记录不清、交代不明不交班

B. 现场不清洁、工具资料不全不交班

C. 操作、试验、事故处理未告一段落不交班

D. 以上 3 个选项均正确

41. 变压器和电抗器产生谐波的原因是（　　）。

A. 串联谐振　　　　　　　　　　　B. 铁磁饱和特性

C. 电磁感应定律　　　　　　　　　D. 变压器（电抗器）电抗

42. 严禁在风力大于（　　）、大雨或大雪的气象条件下清洗光伏组件。

A. 5 级　　　　　B. 4 级　　　　　C. 8 级

43. 光伏组件防雷保护器应有效，并在（　　）到来之前、雷雨过后及时检查。

A. 冬季　　　　　B. 春季　　　　　C. 雷雨季节

44. 太阳能光伏发电系统应与主体结构连接牢固，在台风、暴雨等（　　）的自然天气过后应普查光伏组件方阵的方位角及倾角，使其符合设计要求。

A. 恶劣　　　　　B. 正常　　　　　C. 良好

45. 变压器呼吸器中的硅胶在吸潮后，颜色变为（　　）。

A. 粉红色　　　　　B. 橘黄色　　　　　C. 淡蓝色

46. 变电站设备接头和线头的最高允许温度为（　　）。

A. 85℃   B. 90℃   C. 95℃

47. 变压器储油柜油位计的+40℃油位线，是表示（   ）的油位标准位置线。

A. 变压器温度在+40℃时   B. 环境温度在+40℃时

C. 变压器温升至+40℃时   D. 变压器温度在+40℃时

48. 变压器的使用年限主要决定于（   ）的运行稳定。

A. 绕组   B. 铁芯   C. 变压器油   D. 外壳

49. 为了把电流表的量程扩大100倍，分流器的电阻应是表内阻的（   ）。

A. 1/99倍   B. 95倍   C. 99倍   D. 105倍

50. 关于支架巡检，（   ）不少于一次巡检，在春秋风沙季节可适当增加巡视频率，强沙尘暴天气过后应及时对支架进行巡检。

A. 每月   B. 每班   C. 每季度   D. 每年

51. 汇流箱密封条应（   ）年更换一次，确保汇流箱密封良好。

A. 1   B. 2   C. 3   D. 4

52. 光伏组件输出功率下降当组件输出功率下降至（   ）以下，需更换新组件或增加组件对容量进行补偿。

A. 50%   B. 60%   C. 70%   D. 80%

53. 在稳定的光照条件下这些组串开路电压值（短路电流）误差应在（   ）内。

A. 3%   B. 5%   C. 7%   D. 10%

54. 每个端子上最多允许接（   ）根导线。

A. 1   B. 2   C. 3   D. 4

55. 下列光伏组件过电压的处理方法，正确的是（   ）。

A. 检查PV阵列线路链接   B. 减少阵列串联数量

C. 检查电网   D. 更换辅助开关电源

56. 汇流箱额定工作环境的温度（无阳光直射）为（   ）。

A. -25~+50℃   B. -15~+60℃   C. -25~+60℃   D. -15~+50℃

57. 光伏组件方阵的监视、控制系统、功率调节设备（   ）与防雷系统之间的过电压保护装置功能应有效，其接地电阻应符合相关规定。

A. 接地线   B. 通讯   C. 电缆   D. 标志

58. 依据Q/HN—1—0000.08.063—2016《光伏发电站能效监督标准》，下列关于组件 $I-V$ 测试的要求，说法错误的是（   ）。

A. 每年进行衰减率测试，抽检比例不低于1块/MW

B. 测试的组件宜选择完好、无划痕、无裂纹组件

C. 每3~5年增加组件抽检比例或进行组串测试，掌握电站容量变化

D. 应在辐照度大于 $500W/m^2$ 时开展

59. 变压器油中溶解气体以 CH_4、C_2H_4 为主要组分时，其故障类型是(　　)。

A. 油中过热　　　B. 油和纸过热　　　C. 油中局部放电　　　D. 油中火花放电

60. 测量金属氧化物避雷器在 $0.75U/1mA$ 下的泄漏电流的主要目的是检查(　　)。

A. 阀片是否受潮

B. 内部绝缘部件是否受损及表面是否有严重污秽

C. 阀片是否老化

D. 长期工作电流是否符合设计要求

61. 下列试验项目中，属于破坏性试验的是(　　)。

A. 耐压试验　　　B. 绝缘电阻测量　　　C. 介质损耗测量　　　D. 泄漏测量

62. 测量绝缘电阻不能有效发现的缺陷是(　　)。

A. 绝缘整体受潮　　　　　　　　B. 存在贯穿性的导电通道

C. 绝缘局部严重受潮　　　　　　D. 绝缘中的局部缺陷

63. (　　)型绝缘子具有损坏后"自爆"的特性。

A. 电工陶瓷　　　B. 钢化玻璃　　　C. 硅橡胶　　　D. 乙丙橡胶

64. 无载调压的变压器在进行调压操作前，该变压器必须(　　)。

A. 停电　　　B. 把负载降到零　　　C. 将高压侧开路　　　D. 低压侧开路

65. 电缆终端头，由现场根据运行情况(　　)停电检查一次。

A. 每 1～2 年　　　B. 每 1～3 年　　　C. 每 2～3 年　　　D. 每 3～4 年

66. 避雷器的带电测试是测量避雷器的(　　)。

A. 介损　　　B. 绝缘电阻　　　C. 泄漏电流大小　　　D. 工频放电电流

67. 如果变压器进水受潮，油的气相色谱中唯有一种气的含量偏高，这种气体是(　　)。

A. CO_2　　　B. CH_4　　　C. CO　　　D. H_2

68. 变压器正常运行时最高顶层油温不超过(　　)。

A. $60℃$　　　B. $85℃$　　　C. $100℃$　　　D. $105℃$

二、多选题

1. 每年至少对(　　)的温度进行一次红外成像测温。

A. 套管　　　　　　　　　　　　B. 套管引线接头

C. 隔离开关触头　　　　　　　　D. 隔离开关引线接头

2. 防误装置所用电源应与(　　)分开。

A. 工作电源　　　B. 保安电源　　　C. 保护电源　　　D. 控制电源

3. 真空断路器的缺点是 (　　)。

A. 灭弧室材料要求高　　　　　　B. 开断电流不能做得很高

C. 断口电压不能做得很高　　　　D. 触头易氧化

4. 中性点不接地的系统中，采用消弧线圈补偿接地电容电流，一般情况下不采用（　　）运行方式。

A. 全补偿　　　　B. 欠补偿　　　　C. 过补偿　　　　D. 非补偿

5. 热继电器频繁动作跳闸的原因可能是（　　）。

A. 接线端子松脱　　　　　　　　B. 整定值偏大

C. 接线端子连接处氧化有污垢　　D. 负荷电流大

6. 关于投运前对保护装置操作的注意事项，下列说法正确的是（　　）。

A. 投运前应严格按功能检查所述检查，确认装置及外围回路无误

B. 严格按定值单整定，未投入的保护项目应设为退出，确认无误

C. 检查装置各插件是否连接可靠，各电缆及背后端子是否连接固定可靠

D. 确认定值区号无误

7. 依据 GB/T 36567—2018《光伏组件检修规程》，下列关于光伏组件电势诱导衰减的修复，说法正确的是（　　）。

A. 仅可以修复带边框的晶体硅组件

B. 对光伏组件红外成像和电致发光成像（EL）时，发现其无明显的组件热斑、组件隐裂等，但存在大面积的暗片时

C. 现场修复宜采用内部施加正向电压的方法

D. 在接线盒拆线过程中应断开

8. GB/T 36568—2018《光伏方阵检修规程》规定，出现以下情况（　　）之一，可认为影响光伏方阵的正常运行。

A. 某支路电流值与同一汇流箱中其他支路平均电流相比偏差率超过 5% 时，且确定为故障的情况

B. 同条件下某一汇流箱发电量小于同一逆变器其他汇流箱 15% 以上

C. 接地装置损坏、电缆绝缘层受损、断路器烧坏、浪涌保护器损坏

D. 汇流箱内支路电流表指示不正常

9. GB/T 36568—2018《光伏方阵检修规程》规定，（　　）检修工作结束后，测试比例可按照检修容量的 4% 进行。

A. 跟踪系统测试　　　　　　　　B. 直流电缆和直流断路器测试

C. 汇流箱测试　　　　　　　　　D. 光伏方阵防雷装置测试

10. GB/T 38335—2019《光伏发电站运行规程》规定，光伏发电站投入运行后应建立完整的生产运行记录，生产运行记录应包括（　　）。

A. 正常运行状况

B. 异常运行状况

C. 运行数据的备份、统计、分析和上报

D. 故障处理情况

11. GB/T 38335—2019《光伏发电站运行规程》规定，光伏发电站应执行电网调度机构下达的（　　），及时调节有功无功出力。

A. 计划曲线 B. 滚动修正计划曲线

C. 电话咨询 D. 调度指令

12. 依据 GB/T 38335—2019《光伏发电站运行规程》，下列说法中符合并网和解列操作内容要求的是（　　）。

A. 光伏发电站的并网和解列应按照电网调度命令执行

B. 光伏逆变器的并网和解列可自动完成

C. 光伏逆变器的并网和解列可由运行人员手动完成

D. 光伏逆变器工作在自动控制模式时，逆变器根据输入和输出电压情况，自动完成并网或解列操作

13. GB/T 36567—2018《光伏组件检修规程》规定，光伏组件检修应结合（　　），制订检修计划和方案。

A. 光伏组件相关设备技术文件 B. 同类型光伏组件的检修经验

C. 光伏组件在线监测结果 D. 光伏发电系统的检修计划｜检修需求

14. GB/T 36568—2018《光伏方阵检修规程》规定，光伏方阵设备、部件运行状态进行在线监测，分析判定其（　　），对影响方阵正常运行的设备、部件应按故障检修方式进行。

A. 运行状态 B. 故障部位 C. 严重程度 D. 发展趋势

15. GB/T 38335—2019《光伏发电站运行规程》规定，光伏发电站运行控制主要包括光伏发电站（　　）。

A. 运行状态的监视 B. 运行数据统计

C. 生产设备操作 D. 参数调整

16. 使用万用表时的注意事项包括（　　）。

A. 接线正确 B. 测量挡位正确

C. 电阻的测量不允许带电进行 D. 不得带电进行量程切换

17. 电器工具和用具在使用前和使用中的注意事项包括（　　）。

A. 使用前必须检查电线是否完好，有无接地线

B. 坏的或绝缘不良的不准使用

C. 使用时应按有关规定接好漏电保护器和接地线

D. 使用中发生故障，必须立即找电工修理

18. 下列属于组串式逆变器例行检查与维护项目的是(　　　)

A. 检查逆变器背板散热片温度

B. 检查逆变器软件是否需要更新

C. 检查逆变器事故照明、通信柜是否工作正常

D. 检查逆变器固定是否良好

E. 检查逆变器密封是否良好

19. 当逆变器出现"模块故障（PDP）"告警提示时，可能的原因包括(　　　)。

A. 电网电压瞬间波动、负荷波动较大

B. 模块及驱动板本身异常导致

C. 内、外供电继电器同时闭合或者开通

D. 交流电流过电流导致

E. 故障返回光纤头损坏或驱动板供电电源损坏

20. 下列属于主变压器小修项目的是(　　　)。

A. 绕组、引线装置的检修

B. 检修油位计，包括调整油位

C. 放出储油柜积污器中的污油

D. 无励磁分接开关或有载分接开关的检修

E. 全部密封胶垫的更换

21. 下列属于液压操作机构检查项目的是(　　　)。

A. 检查压力开关　　　　　　　　B. 检查分合闸弹簧

C. 检查二次接线　　　　　　　　D. 检查操作计数器

E. 校验油压表

22. 在光伏支架范围内作业前，应对作业范围内光伏组件的(　　　)进行测试，确认无电压。

A. 铝框　　　　　B. 接地　　　　　　C. 支架　　　　　　D. 电缆

23. 光伏组件清洗时间一般建议在(　　　)。

A. 早晨　　　　　B. 中午　　　　　　C. 傍晚　　　　　　D. 夜间

24. 光伏组件在(　　　)进行一次光伏组件检查。

A. 每天　　　　　B. 大风　　　　　　C. 冰雹　　　　　　D. 恶劣天气

25. 避雷器巡视检查项目有(　　　)。

A. 检查瓷质部分是否有破损、裂纹及放电现象

B. 检查放电记录器是否动作

C. 检查油标、油位是否正常，是否漏油

D. 检查避雷器内部是否有异常音响

26. Q/HN—1—0000.08.063—2016《光伏发电站能效监督标准》规定，利用红外成像仪对汇流箱、直流柜内进行检测，主要是检查（ ）

　　A. 开关温度　　　B. 接线端子温度　　　C. 环境温度　　　D. 壳体温度

27. 变压器发生不同类型的故障产生的主要特征气体不同，油纸绝缘中局部放电产生的主要特征气体有（ ）。

　　A. 一氧化碳　　　B. 甲烷　　　　C. 乙炔　　　　D. 氢气

28. 变压器的外部短路包括（ ）。

　　A. 三相短路　　　B. 相间短路　　　C. 两相接地　　　D. 相对地故障

29. 电流互感器 tanδ 及电容量检测周期为（ ）。

　　A. 投运前　　　B. 1~3 年　　　C. 大修后　　　D. 必要时

30. 互感器运行中特殊巡视包括（ ）。

　　A. 新投产设备应缩短巡视周期，运行 72h 后转正常巡视

　　B. 夜间闭灯巡视

　　C. 高低温、高湿度、气候异常巡视

　　D. 高峰负荷、季节性电压波动期间巡视

　　E. 设备异常时巡视

31. 绝缘子表面的等值盐密与下列因素（ ）有关。

　　A. 蒸馏水的体积　　　　　　　　　B. 收集污秽的绝缘子的表面积

　　C. 温度在 20℃时的体积电导率　　　D. 绝缘子的导电系数

32. 下列有关户外绝缘子电气试验的说法，正确的是（ ）。

　　A. 户外绝缘子在电气试验前应清洁、干燥

　　B. 进行凝露试验必要时进行空气密度校正

　　C. 进行非凝露试验时应采取措施避免户外绝缘子表面凝露

　　D. 在相对湿度超过 85% 进行非凝露试验时，可以进行试验

33. 进行金属氧化物避雷器运行电压下交流泄漏电流测量时，要求做到（ ）。

　　A. 记录测量时的环境温度、湿度　　　B. 记录运行电压

　　C. 测量宜在瓷套表面干燥时进行　　　D. 注意相间干扰的影响

34. 大型接地装置的特性参数测试包含（ ）。

　　A. 电气完整性测试　　　　　　　　B. 接地阻抗测试

　　C. 分流测试　　　　　　　　　　　D. 场区地表电位梯度分布测试

E. 接触电位差和跨步电位差的测试

35. 下列说法正确的是(　　)。

A. 电气完整性测试宜每 2 年进行一次　　B. 跨步电位差宜 6 年测试一次

C. 接触电位差宜 5 年测试一次　　D. 接地阻抗宜 6 年测试一次

36. 常用的防污闪措施有(　　)。

A. 增加爬距　　B. 加强清扫　　C. 涂覆憎水性涂料　　D. 定期测试盐密

37. 隔离开关主要检修项目有(　　)。

A. 接触面检修　　B. 绝缘子检查

C. 操动机构及传动机构的检修　　D. 其他如均压闭锁底座等的检修

三、判断题

1. 使用钳形电流表测量低压熔断器和水平排列低压母线电流前,应将各相熔断器和母线用绝缘材料加以隔离。(　　)

2. 变更接线或试验结束时,应断开试验电源,将升压设备的高压部分放电、短路接地。(　　)

3. 对保存期超过 1 年的 110kV 及以上套管,安装前应进行局放试验、额定电压下的介损试验和油色谱分析。(　　)

4. 开关设备断口外绝缘应满足不小于 1.5 倍（252kV）或 1.2 倍（363kV 及 550kV）相对地外绝缘的要求,否则应加强清扫工作或采用防污涂料等措施。(　　)

5. 使用绝缘安全用具——绝缘操作杆、验电器、携带型短路接地线等必须经过定期试验合格,使用前必须检查安全工器具结构完整、性能良好,在检验有效期内。(　　)

6. 主变压器大修时,变压器吊罩后器身在空气中停留的时间在相对湿度≤65% 时不超过 16h。(　　)

7. 主变压器大修组装时,在储油柜的气囊中建立起 0.03MPa 的压力,持续 3h 应无泄漏。(　　)

8. 电缆耐压试验分相进行时,电缆另两相应悬空。(　　)

9. 在红外热斑测试中测试辐照度应高于 700W/m²,同一光伏组件不同区域外表正上方温度差超过 20℃ 的区域,应视为发生热斑。(　　)

10. GB/T 36568—2018《光伏方阵检修规程》规定,光伏组件检修停电作业时,应断开汇流箱内相应组串开关及相邻组件的连接线;无组串开关时,则不必采取措施。(　　)

11. GB/T 36568—2018《光伏方阵检修规程》规定,对组件正面扫描时,成像设备和操作者不应在被测阵列表面区域造成阴影。(　　)

12. GB/T 36568—2018《光伏方阵检修规程》规定,被更换的光伏组件,应回收再

利用。 （　　）

13. GB/T 36568—2018《光伏方阵检修规程》规定，光伏方阵检修作业，宜采用先进工艺和新技术、新方法，提高工作效率。 （　　）

14. 进行熔断器更换时，应换型号和容量相同的熔断器。 （　　）

15. GB/T 36567—2018《光伏组件检修规程》规定，光伏组件有颜色变化或背板灼焦等现象时，宜用红外热成像仪和组件测试仪进行测试，查看其 $I-U$ 特性是否有异常。 （　　）

16. GB/T 36567—2018《光伏组件检修规程》规定，被更换的晶体硅组件，无明显热斑、隐裂等现象，但存在大面积明暗片时，宜采用电势诱导衰减（PID）修复后再利用。 （　　）

17. GB/T 36567—2018《光伏组件检修规程》规定，检修前应核对更换光伏组件与被更换光伏组件标签，查验。 （　　）

18. 380V 站用电系统应采用动力与照明网络共用的中性点直接接地方式。 （　　）

19. GB/T 38335—2019《光伏发电站运行规程》规定，短路故障跳闸后，应检查保护装置动作内容是否正常，断路器有无拒动或误动现象，有无异味和设备烧损现象。 （　　）

20. 支架表面的防腐涂层不应出现开裂和脱落现象，否则应及时补刷。 （　　）

21. 光伏建材和光伏构件的排水系统必须保持畅通，应定期疏通。 （　　）

22. 逆变器检修时首先将逆变器停运，断开交直流侧断路器（将逆变器静置至少15min），测量逆变器直流侧、交流侧铜排及电容上的电压，确保维护前无残留电压。 （　　）

23. 严禁在风力大于 4 级、大雨或大雪的气象条件下清洗光伏组件。 （　　）

24. 更换电池板时必须断开相应的汇流箱，以免弧光灼伤。 （　　）

25. 逆变器中直流母线电容温度过高或超过使用年限，应及时更换。 （　　）

26. 配电柜中开关、主触点不应有烧熔痕迹，灭弧罩不应烧黑和损坏，紧固各接线螺栓，清洁柜内灰尘。 （　　）

27. 光伏方阵防雷保护器应有效，并在雷雨季节到来之前进行检查。 （　　）

28. 光伏组件转换效率衰减测试，以电站所用光伏组件品牌型号为单位，按照总数量万分之一随机抽取，组件不足一万块的随机抽取一块。 （　　）

29. 光伏发电站需定期清理遮挡光伏组件的杂草和树木。 （　　）

30. 太阳能光伏组件、辐射表玻璃罩需要定期清洁表面的灰尘，在下雪、扬沙天气时需要清理表面的积雪和沙尘。 （　　）

31. 直流输出母线的正极对地、负极对地的绝缘电阻应小于 $2M\Omega$。 （　　）

32. 在紧急情况下时，可以使用"紧急按钮"关断逆变器交流侧供电。 （　　）

33. 逆变器空气滤网在冬季时不用定期清洗。 （　　）

34. 逆变器模块损坏的主要原因有过电压、过电流、过温。 （　　）

35. 停运时间超过3个月以上的蓄电池，可以直接投入运行。 （　　）

36. 正常情况下母线不得带负荷停、送电（事故处理时除外）。停电时应预先转移母线上的负荷。 （　　）

37. 直流电阻箱是由单个或若干串联的十进制电阻器组成的多值电阻器。在参考条件下，直流电阻箱每个十进制盘有各自相应的准确度等级。 （　　）

38. 功率表应在超前和滞后两种状态下试验，由此引起仪表误差的改变量不应超过最大允许误差100%。 （　　）

39. 交流采样测量装置在投运前校验项目有三项：外观检查、绝缘电阻测量、基本误差校验。 （　　）

40. 根据环境状况，组串式逆变器巡视周期为至少每个月巡视一次。 （　　）

41. 变电站设备试验工作应由专人按期单独完成。 （　　）

42. 若因箱式变压器电气一次设备故障，则需对箱式变压器进行必要的检查，待故障消除后方可投入运行。 （　　）

43. 逆变器直流熔断器故障保护可能不是直流熔丝失效导致的。 （　　）

44. 辐射测量仪在低辐照度下的响应好于硅电池。 （　　）

45. GB/T 36567—2018《光伏组件检修规程》规定，开展组件红外热斑测试时，测试辐照度应高于$700W/m^2$。 （　　）

46. 在电路与裸露导电部件之间，额定电压在500V及以下者用500V绝缘电阻表。 （　　）

47. 绝缘子清扫是为了提高外绝缘闪络电压。 （　　）

48. 用绝缘电阻表测设备绝缘电阻时，E端接导线，L端接地。 （　　）

49. 高压设备预防性试验的耐压试验电压与出厂时的耐压试验电压相同。 （　　）

50. 电气设备绝缘预防性试验主要是对各种电气设备的绝缘定期进行检查和监督，以便及早发现绝缘缺陷，及时更换或修复，防患于未然。 （　　）

51. 绝缘电阻表有两个端子，即测量端与接地端。 （　　）

52. 红外热成像仪的组成包括扫描聚光的光学系统、红外探测器、电子系统和显示系统等。 （　　）

53. GIS耐压试验之前，进行净化试验的目的是：使设备中可能存在的活动微粒杂质迁移到低电场区，并通过放电烧掉细小微粒或电极上的毛刺、附着的尘埃，以恢复GIS绝缘强度，避免不必要的破坏或返工。 （　　）

54. 在高压开关柜的手车开关拉至"检修"位置后，应确认隔离挡板已开启。 （　　）

四、填空题

1. 依据 GB/T 36567—2018《光伏组件检修规程》，_____是电池组件的封装材料和其上、下表面的材料及电池片与其接地金属边框之间的高电压作用下出现离子迁移，而造成组件性能衰减的现象。

2. 依据 GB/T 36567—2018《光伏组件检修规程》，光伏组件电势诱导衰减（PID）修复现场恢复方法有_____法和向组件内部施加正向电压的方法。由于_____法要求逆变器含有变压器，现场宜采用内部施加正向电压的方法。

3. 依据 GB/T 36567—2018《光伏组件检修规程》，光伏发电系统总装机容量为 30MW 及以下的组件红外热斑测试抽检可按_____抽检，30MW 以上至 100MW 以下的可按 0.5％抽检，100MW 及以上的可按_____抽检。抽检发现问题组件较多时，可适当扩大抽检比例。

4. 厂用电备自投装置至少_____试验一次，直流动力至少_____试转一次。

5. 依据 GB/T 36567—2018《光伏组件检修规程》，光伏组件有明显颜色变化或背板灼焦等现象时，宜用_____和_____进行测试，查看其 $I-U$ 特性是否有异常。

6. 光伏方阵最大电压等于最低预期环境温度下的_____电压。

7. 光伏汇流设备中所有可接触的裸露导电部件应连接在一起，并连接至接地导体或接地装置上。电路的电阻不应超过_____Ω。

8. 最大串联熔丝额定值为光伏组件允许注入与电流方向相反，并不会发生_____的最大电流。

9. 组串电流应保持_____，通过测试汇流箱内各组串的电流，分析其偏差，偏差过大，则该组串组件存在问题，进而测试组件失配问题，更换电流较小组件，以提高发电量。

10. 电度表的倍率就是_____变比与_____变比的乘积值。

11. 应在辐照度低于_____的情况下清洁太阳能电池板，不宜使用与电池板温差较大的液体清洗组件。应使用干或潮湿的柔软洁净的布料擦拭光伏组件，严禁使用_____或_____擦拭光伏组件。

12. 光伏组件表面温度高于_____℃，应停止组件清洗工作。

13. 光伏组件清洗需结合灰尘对发电量的影响程度在_____范围内及当地天气情况，设定组件清洗时间。在组件清洗工作中，需按照光伏方阵的电气结构划分清洗区域。

14. 汇流箱每_____进行一次测温及检查，每_____进行一次例行停电检修维护工作。

15. 光伏组件每_____及大风、冰雹等恶劣天气过后进行一次光伏组件检查，每年进行_____次红外热斑检查。

16. 光伏支架检查应每_____一次，每_____应至少进行一次检修维护工作。

17. 光伏组件配套接插件一般采用_____规格，防护等级为_____。

18. 汇流箱和直流柜直流输出母线的正极对地、负极对地的绝缘电阻应大于_____ MΩ。

19. 运行中的直流母线对地绝缘电阻应不小于_____MΩ。

20. 在任何情况下，电压互感器二次侧严禁_____，电流互感器二次侧严禁_____。

21. 电流表、电压表、功率表及电阻表的准确度等级≤0.5的仪表检定周期一般为_____年，其余仪表检定周期一般不超过_____年。

22. 一台0~150V的电压的说明书上注明其引用误差限为+2%。说明该电压表的任意示值用绝对误差表示的最大允许误差为+_____V。

23. 被测量的电流在0.45A左右，为使测量结果更准确些，应选用上量限为_____A的级电流表。

24. 有些指针式万用表在表头支路两端接上一对双向二极管，主要用于防止表头_____。

25. 当太阳辐照度为500W/m²以上，风速不大于2m/s，且无阴影遮挡时，同一光伏组件外表面_____区域在温度稳定后，温度差异应小于_____。

26. 每年至少1次对跟踪支架系统进行维护，重点检查_____、_____及_____。

27. 汇流箱通信电源失电，应检查_____是否正常，_____是否牢靠，_____是否故障。

28. 在进行逆变器例行检查与维护时，应检查逆变器_____、_____准确性，保证上传电量的准确率。

29. 每年应进行一次的逆变器试验包括_____、_____。

30. 逆变器的转换效率是在规定的测试周期内，逆变器在_____端口输出的电能与在_____端口输入的电能的比值。

31. GB/T 38335—2019《光伏发电站运行规程》规定，组件表面存在污渍时，应在辐照度低于_____时进行擦除。

32. GB/T 36567—2018《光伏组件检修规程》规定，组件接地连续性测试电阻应不超过_____Ω。

33. 汇流箱内部的电路与裸露导线部件之间的绝缘电阻不小于_____Ω/V。

34. 光伏区防雷保护的接地电阻不应大于_____Ω。

35. 在进行电力电缆试验时，在_____应测量绝缘电阻。

36. 内部过电压分为工频过电压、操作过电压和_____过电压。

37. 正常运行的变压器应至少每_____年进行一次绕组变形试验。

38. 在多断口断路器断口上并联电容器的作用是_____。

39. 熔丝熔断时，应更换相同_____熔丝。

40. SF$_6$绝缘电流互感器故障跳闸后，应进行_____检测，以确定内部有无放电，避免带故障强送再次放电。

41. 考验变压器绝缘水平的一个决定性试验项目是_____。

42. 中性点经消弧线圈接地通常采用的运行方式是_____。

43. 中性点经消弧线圈接地后，若单相接地故障的电流呈感性，此时的补偿方式为_____。

44. 为了防止光伏发电直流电源系统因_____过电压或_____过电压对设备造成损坏，在光伏防雷汇流箱中正极对地、负极对地、正负极之间均加装直流防雷保护器。

45. 对于存在破损、变形、_____、_____的组件，通过红外成像仪初步确认后，应进行组件效率测试后再决定是否更换。

五、简答题

1. 使用钳形电流表测量电流时有哪些要求？

2. 依据 GB/T 19964—2024《光伏发电站接入电力系统技术规定》，光伏发电站运行特性的检测内容有哪些？

3. 依据 GB/T 36567—2018《光伏组件检修规程》，电势诱导衰减的定义是什么？

4. 依据 GB/T 36567—2018《光伏组件检修规程》，组件隐裂的定义是什么？

5. 依据 GB/T 38335—2019《光伏发电站运行规程》，逆变器巡视和检查应包括哪些内容？

6. 依据 GB/T 38335—2019《光伏发电站运行规程》，光伏发电站运行评价的内容和运行评价指标有哪些？

7. 逆变器功率输出偏低的因素有哪些？

8. 什么是绝缘的介质损失？测量介质损失有什么意义？

9. 依据 GB/T 38335—2019《光伏发电站运行规程》，对光伏电站的运行评价指标包括哪些？

10. 请画出光伏组件电势诱导衰减（PID）修复装置典型电气接线图。

11. 断路器运行中的特殊巡视有哪些规定？

12. 变压器进行直流电阻试验的目的是什么？

13. 变压器绕组绝缘损坏是由哪些原因造成的？

14. 什么时候不允许调整变压器有载调压装置的分接头开关？

15. 交流耐压和直流耐压是否可以相互代替？为什么？

16. 常见的操作过电压有哪几种?

17. 现场判断变压器绝缘状态有哪些试验项目?

18. 简述电力生产区域的定义。

19. 变压器油位的变化与哪些因素有关?

20. 对运行中的变压器,能否根据其发出的声音来判断运行情况?

21. 变压器出现假油位可能是由哪些原因引起的?

22. 变压器的温度和温升有什么区别？

23. 操作中产生疑问时该怎么办？

六、案例分析题

1. 一、某光伏发电站 35kV 系统采用"接地变压器＋小电阻"方式运行。2014 年 9 月 22 日 22h40min48s810ms，其 35kV4 号接地变压器 RCS－9621CS 保护装置报：重瓦斯保护动作断路器 3544 跳闸；同时联跳 4 号主变压器低压侧 3504，集电线 3541、3542、3543 及 SVG 电源 3545 断路器。故障录波检查：2014 年 9 月 22 日 22h39min3s899ms，4 号接地变压器综合保护动作启动。一次设备检查时在就地检查发现：4 号接地变压器接地电阻温度为 170℃且不断跳变；经过对 4 号接地变压器进行全面检查，发现该接地变压器接地电阻测温元件连接导线插头接触不良（用万用表测 PT100 电阻值为 2.3MΩ）。二次设备检查时发现：4 号接地变压器保护装置中"重瓦斯"开关量通道，实际所接量为接地变压器温控器"超温跳闸"触点。

请进行保护动作分析、保护动作评价，并对后续工作提出建议。

2. 某光伏发电站 2014 年 6 月 19 日 23：34：23 监控后台报"110kVⅡ段母线母差保护动作"，"3 号故障录波动作"等信号；110kV Ⅱ段母线所接设备（3 号主变压器高压侧 1103 开关、4 号主变压器高压侧 1104 断路器、能元线 1358 断路器，能统线 1253 断路器）跳闸。

运行方式如下。

（1）110kVⅡ段母线相关运行方式：3 号主变压器、4 号主变压器、110kVⅡ段母线 TV 运行，3 号主变压器中性点接地开关合入，4 号主变压器中性点接地开关断开。

（2）35kV 运行方式：35kVⅢc、Ⅳc 母线分列运行，35kV 系统设备按标准方式（35kV 接地变压器＋小电阻）运行。

（3）故障前负荷情况：3 号主变压器负荷 40.2MW，4 号主变压器负荷 60.3MW，能元线负荷 1.6MW，能统线负荷 11.8MW。

设备检查情况如下。

（1）一次设备：对升压站内 110kVⅡ母线的全部电气设备仔细检查，以及钢芯铝绞线、各种瓷绝缘子等逐一检测，绝缘良好，未发现故障点。

（2）二次设备 110kV 母差保护装置及外部接线检查：能元线支路电流回路电缆对地绝缘击穿，万用表测得 0.9Ω，进一步检查发现为 C 相缆芯对地绝缘击穿。

（3）就地汇控柜检查发现：电流回路的母差支路电缆芯线 C 相外皮破损，用电气绝缘胶带对 C 相缆芯破损处包扎处理后再次用 1000V 绝缘电阻表进行测试，测试各相缆芯对地及相间绝缘合格（断开保护装置及 TA 二次侧绕组）。

请进行保护动作分析，并对后续工作提出建议。

3. 某日某光伏发电站运维人员对汇流箱及组串连接详细检查确认无影响并网缺陷后，准备逆变器并网。操作人员按照并网流程进行逆变器并网操作，1 号方阵 1 号逆变器顺利并网，2 号逆变器交流接触器不吸合，逆变器无法并网。请分析该逆变器交流接触器故障的可能原因。

4. 某变电站运行中主变压器低压侧"35kVⅠ段母线接地"光字牌亮，警铃响，电压表 A 相为零，B、C 相为线电压。请分析 35kVⅠ段母线是否发生异常？为什么？应如何处理？

第八章　光伏发电站典型生产操作

一、单选题

1. 高压开关柜内手车开关拉至"检修"位置时，隔离带电部位的挡板封闭后（　　），并设置（　　）的标示牌。

A. 不应开启，"止步，高压危险！"

B. 可以开启，"止步，高压危险！"

C. 不应开启，"禁止合闸，有人工作！"

D. 应开启，"止步，高压危险！"

2. 根据 GB/T 36567—2018《光伏组件检修规程》的规定，温度直接测量或红外照相探测时，被探测光伏组件处于正常工作模式（峰值功率跟踪）。其表面的辐照度应超过（　　），且气象条件稳定。

A. 200W/m² 　　B. 400W/m² 　　C. 600W/m² 　　D. 700W/m²

3. 光伏组件更换操作应符合以下要求：被更换光伏组件的拆卸过程中应采取防止光伏组件滑落的措施；当光伏组件有破碎部分，不应接触该破碎部分，应对破碎组件（　　），防止发生触电或电弧灼伤事故。

A. 清除 　　　　B. 有效隔离 　　　　C. 覆盖遮挡

4. 光伏组件更换操作应符合以下要求：安装完成后应检查背板接线盒接线连接情况，将更换后的光伏组件的插接头与相邻光伏组件插接头连接，连接前应核对（　　）。

A. 电缆敷设路径 　　B. 电缆型号 　　C. 电缆极性

5. 太阳电池方阵安装时要进行太阳电池方阵测试，其测试条件是太阳总辐照度不低于（　　）。

A. 400mW/cm² 　　B. 500mW/cm² 　　C. 600mW/cm² 　　D. 700mW/cm²

6. 操作交流侧真空断路器时，应（　　）并有专人监护。

A. 穿绝缘鞋、戴绝缘手套 　　　　B. 戴绝缘手套

C. 穿绝缘鞋 　　　　D. 无需任何防护

7. 太阳能电池标准测试条件为（　　）。

A. 1000W/m²、25℃、AM1.5　　　　B. 1000W/m²、20℃、AM1.5

C. 1000W/m²、22℃、AM0　　　　　D. 1200W/m²、20℃、AM1.5

二、多选题

1. 电气操作时，发令人发布指令应（　　）。

A. 准确　　　　　　　　　　　　B. 清晰

C. 使用规范的操作术语　　　　　　D. 设备名称

2. 操作票包含（　　）。

A. 操作任务　　B. 操作时间　　　C. 操作顺序　　　D. 操作编号

3. 在接地线、接地开关与检修设备之间，下列作法正确的是（　　）。

A. 保证接地线、接地开关与检修设备之间不连有断路器或熔断器

B. 若由于设备原因，接地开关与检修设备之间连有断路器，则必须合上断路器并有保证其不会分闸的措施

C. 若由于设备原因，接地开关与检修设备之间连有断路器，则提醒全体工作人员注意安全

D. 若由于设备原因，接地开关与检修设备之间连有断路器，则派专职监护人监护

4. 测量电力电缆吸收比时，应注意（　　）。

A. 将电缆移至平坦的地方　　　　　B. 将电缆终端头表面擦拭干净

C. 将电缆进行屏蔽　　　　　　　　D. 将电缆拉直

5. 为防止大型变压器损坏，无励磁分接开关在改变分接位置后，必须测量使用分接开关的（　　）。

A. 直流电阻　　B. 变比　　　　　C. 绝缘电阻　　　D. 介质损耗

6. 电气设备操作后的位置检查应以设备实际位置为准，无法看到实际位置时，可通过（　　）等的变化来判断。

A. 设备机械位置指示　　　　　　B. 各种遥测、遥信信号

C. 带电显示装置　　　　　　　　D. 电气指示

7. 六氟化硫断路器充气至额定压力前，下列说法不正确的是（　　）。

A. 禁止进行储能状态下的分、合闸操作

B. 仅可进行储能状态下分闸操作

C. 仅可进行储能状态下合闸操作

D. 可进行储能状态下的分、合闸操作

三、填空题

1. GB/T 36567—2018《光伏组件检修规程》规定，光伏组件红外热斑测试时，测试辐照度应高于＿＿＿＿＿，同一光伏组件不同区域外表面正上方温度差超过＿＿＿＿＿℃的

区域，应视为发生热斑。

2. GB/T 36567—2018《光伏组件检修规程》规定，光伏组件测试内容包括光伏组件一致性测试、_____、电致发光成像（EL）测试、_____。

3. GB/T 36567—2018《光伏组件检修规程》规定，光伏组件发热故障检测时，温度直接测量或红外照相探测时，被探测光伏组件处于正常工作模式（峰值功率跟踪）。其表面的辐照度应超过_____，且气象条件稳定。

4. 手车柜每次推入柜内之前，必须检查_____的位置，杜绝_____位置推入手车。

5. 验电时，必须用电压等级_____而且_____的验电器，在检修设备进出线两侧_____分别验电。

6. 高压开关柜操作方式选择开关应正确，操作方式切换开关正常在_____位置。

7. 装卸高压熔断器时应戴_____和绝缘手套，必要时使用____，并站在_____上。

四、简答题

1. 光伏发电站中支架跟踪系统测试包含哪些内容？

2. 什么是运行中的电气设备？

五、案例分析题

1. 某日某光伏发电站运行人员监盘时发现 4 号汇集线 12 号方阵 2 号逆变器功率降低。查看后台监控数据，发现 12 号方阵 2 号逆变器 7 号汇流箱各支路电流均为 0A。运行人员随即赶赴现场发现 12 号方阵 2 号逆变器正常运行，直流柜未跳闸，但显示电流偏低。打开 12 号方阵 2 号逆变器 7 号汇流箱查看，发现汇流箱内直流输出断路器跳闸。检查 12 号方阵 2 号逆变器 7 号汇流箱内没有发现烧损及变色痕迹，检查各支路正极、负极对地电压均正常。进行直流断路器试送，直流断路器瞬间又跳闸。检查直流断路器，由于汇流箱长期在露天放置，保存管理不到位，加速了断路器的老化；再加上断路器经常操作造成的机械磨损，使断路器脱扣器损坏。

请分析故障处理过程，并提出防范措施。

2. 某电站运行人员发现后台监控告警信息为"3区1号逆变器绝缘阻抗异常"。打开3区1号逆变器界面，发现各汇流箱支路电流为0A。运行人员立即赶到现场查看逆变器运行情况。现场逆变器告警灯常亮，交直流接触器开关断开。打开3区1号逆变器直流配电柜柜门，依次断开1～8号汇流箱所属断路器开关，断开每个断路器时停顿10s，查看逆变器告警灯是否熄灭。断开到4号汇流箱时，断路器告警灯熄灭，逆变器并网接触器开关吸合、并网。由此判断故障点为3区1号逆变器4号汇流箱。合上除4号汇流箱以外的其他汇流箱直流断路器。运维人员赶往3区1号逆变器4号汇流箱处，发现该汇流箱电缆孔处有黑烟冒出。断开4号汇流箱所属16个支路组件侧MC4插头，做好安全防护措施后，打开汇流箱发现第3支路光伏连接线和熔断器底座烧坏。

请进行故障判断，分析故障处理过程，并提出防范措施。

3. 某日某光伏发电站值班人员监盘时监控后台告警信息为"14区1号逆变器告警运行"、"逆变器电网电压异常"。

请进行故障分析。

4. 某年1月14日11：13，110kV某变电站进行检修工作，需要进行"35kV1号母线由冷备用改检修"的操作，在操作35kV1号母线接地开关时，操作人员走错间隔，带电误合35kV2号母线接地开关，母差保护动作，造成变电站110kV母线全停。事故发生前该变电站35kV2号母线运行，1号母线为冷备用状态。

请分析事故原因及暴露的问题。

答 案

第一章 绪 论

一、判断题

1. × 2. ×

二、填空题

1. 四

2. 6700～8370

3. 太阳能光伏发电，太阳能热发电，太阳能光伏发电

三、简答题

1. 答：（1）永不衰竭。

（2）采集太阳能的地理位置要求不高。相对而言，水电站和风电场对地理位置要求则比较高。

（3）建设太阳能发电站所需的成本和时间都比水电少。

（4）使用太阳能不会造成环境污染，是理想的绿色能源（但原料的开采和生产光伏产品过程会消耗大量能源并造成污染）。

（5）使用范围广，一般家庭也可以利用太阳能发电。

2. 答：太阳能电池按材料可分为硅太阳能电池、化合物太阳能电池、有机半导体太阳能电池。其中，硅太阳能电池又分为：单晶硅太阳能电池、多晶硅太阳能电池、非晶硅薄膜太阳能电池、多晶硅薄膜太阳能电池。

第二章　光伏发电基础理论

一、单选题

1. C   2. C   3. D   4. C   5. C   6. B   7. B   8. C   9. C   10. B

11. A   12. C   13. A   14. C   15. B   16. C   17. C   18. B   19. C   20. A

21. A   22. B   23. B   24. D   25. D   26. C   27. B   28. A   29. D   30. B

31. B   32. A   33. A   34. A   35. B   36. B   37. C   38. A   39. B   40. A

41. A   42. B   43. C   44. B   45. B   46. B   47. B   48. B   49. A   50. C

51. D   52. C   53. A   54. C   55. D   56. A   57. B   58. C   59. B   60. B

61. C   62. D   63. A   64. A   65. C

二、多选题

1. ACD   2. CD   3. ABCE   4. ABCDE   5. ABC   6. ABC   7. ABC

8. AB   9. ABC

三、判断题

1. ×   2. √   3. √   4. ×   5. √   6. ×   7. √   8. √   9. √   10. √

11. ×   12. ×   13. ×   14. ×   15. ×   16. √   17. ×   18. ×   19. ×   20. √

21. √   22. √   23. √   24. √   25. ×   26. ×   27. √   28. √   29. √   30. ×

31. ×   32. √   33. ×   34. √   35. √   36. √   37. √   38. √   39. ×   40. √

41. √   42. √   43. ×   44. √   45. √   46. √   47. √   48. ×   49. ×   50. √

51. √   52. √   53. √   54. √   55. √   56. √   57. √   58. √   59. ×   60. √

61. √   62. √   63. ×

四、填空题

1. 独立运行

2. 光伏方阵

3. 负载

4. 逆变器

5. 光生伏特；电子

6. 内绝缘；外绝缘；内绝缘

7. 平方

8. 有功能量

9. 最大输出功率；投产初始最大功率

10. 环境监测仪

11. 单晶硅太阳能电池；多晶硅太阳能电池；非晶硅薄膜太阳能电池

12. 串联

13. 直流汇流箱；逆变器

14. 2；5；20

15. 320～1100；可见光

16. 二次阻抗

17. 波形畸变

18. 组合式变压器；共箱式；三相；性能水平；额定容量

19. 超前；滞后

20. 泄漏电流

21. 中性点

22. 雷电

23. 直接接地

24. 长期运行的最高线电压

25. 灭弧

26. 最大短路电流

27. 电容耦合

28. 正比

五、简答题

1. 答：当太阳光照射到光伏组件表面时，一部分光子被硅材料吸收；光子的能量传递给硅原子，使电子发生了越迁，成为自由电子，在 PN 结两侧集聚形成了电位差。当外部接通电路时，在该电压的作用下，将会有电流流过外部电路产生一定的输出功率。这个过程的实质是光子能量转换成电能的过程，即为光生伏特效应。

六、计算题

1. **解**：根据公式 $P = I^2 R$，电感线圈的电阻为

$$R = \frac{P}{I^2} = \frac{20}{(0.8)^2} = 31.25(\Omega)$$

电感线圈的阻抗为

$$Z = \frac{U}{I} = \frac{120}{0.8} = 150(\Omega)$$

根据公式 $Z^2 = R^2 + X_L^2$，电感线圈的感抗为

$$X_L = \sqrt{Z^2 - R^2} = \sqrt{150^2 - 31.25^2} \approx 146.7(\Omega)$$

根据公式 $X_L = 2\pi f L$，电感线圈的电感为

$$L = \frac{X_L}{2\pi fL} = \frac{146.7}{2 \times \pi \times 50} \approx 0.467(\text{H})$$

答： 线圈的电阻为 31.25Ω，电感为 0.467H。

2. **解：** $P = \sqrt{3}UI\cos\varphi = \sqrt{3} \times 400 \times 250 \times 0.866 = 150(\text{kW})$

$S = \sqrt{3}UI = \sqrt{3} \times 400 \times 250 = 173.2(\text{kVA})$

$Q = \sqrt{3}UI\sin\varphi = \sqrt{S^2 - 150^2} = \sqrt{173.2^2 - 150^2} = 86.6(\text{kVA})$

答： 该变压器有功功率为 150kW、无功功率为 86.6kW、视在功率为 173.2kVA。

3. **解：** 该组件额定功率 $P_{\max} = U_{\text{mp}} \times I_{\text{mp}} = 37.2 \times 7.93 \approx 295$（W）

组件面积 $S = HL = 1.956 \times 0.992 \approx 1.94$（m²）

光电转换效率 $\eta = \dfrac{P_{\max}}{S \times 1000} \times 100\% = \dfrac{295}{1.94 \times 1000} \times 100\% \approx 15.2\%$

测试时组件最大输出功率 $P_{\max'} = U_{\text{mp}'} \times I_{\text{mp}'} = 35.08 \times 7.57 \approx 265.6$（W）

组件衰减率 $= \dfrac{P_{\max} - P_{\max'}}{P_{\max}} \times 100\% = \dfrac{295 - 265.6}{295} \times 100\% \approx 9.97\%$

答： 该组件出厂时光电转换效率为 15.2%，运行一段时间后该组件衰减率为 9.97%。

4. **解：** 因为 $\Delta U = 2\left(\rho \dfrac{L}{S}\right)I_{\max} \leqslant 5\% \times 220$

所以电缆最小截面积

$S \geqslant 2LI_{L.\max}/\Delta U = (2 \times 0.0184 \times 250 \times 2.5) / (220 \times 5\%) = 2.09$（mm²）

向上选型，应选截面积为 2.5mm² 的控制电缆。

答： 控制信号馈线电缆截面积为 2.5mm²。

第三章　光伏发电站安全环保管理

一、单选题

1. C　2. A　3. C　4. B　5. B　6. D　7. B　8. C　9. C　10. A
11. A　12. A　13. C　14. C　15. C　16. C　17. A　18. C　19. D　20. B
21. D　22. B　23. B　24. A　25. A　26. B　27. C　28. A　29. C　30. A
31. D　32. C　33. D　34. B　35. A　36. D　37. B　38. B　39. A　40. B
41. D　42. A　43. B　44. C　45. C　46. B　47. B　48. C　49. A　50. B
51. B　52. B　53. C　54. C　55. C　56. A　57. A　58. A　59. C　60. D
61. C　62. A　63. C　64. B　65. D　66. B　67. B

二、多选题

1. ACD　2. ABC　3. ABCD　4. ABD　5. BCD　6. ABC　7. ABC
8. AD　9. ACD　10. ABCD　11. AC　12. ABCD　13. ABCD　14. BD
15. ABCD　16. AB　17. ABCD　18. ABCDE　19. AC　20. ACD　21. ABD
22. ABD　23. ACD　24. ABCD　25. CD　26. CD　27. ABCE　28. ABD
29. ABCD　30. BCE　31. ACD　32. ABC　33. ABC　34. AB　35. ABCE
36. ABCD　37. ABDE　38. ABC　39. ABCD　40. BD　41. AB　42. ABD
43. ABC　44. ACD　45. BD　46. ABCD　47. BC　48. ABCD　49. ABCD
50. ABCDE　51. ABCD　52. ABC　53. AB　54. ABC

三、判断题

1. ×　2. √　3. ×　4. √　5. ×　6. ×　7. √　8. √　9. √　10. √
11. √　12. √　13. ×　14. √　15. ×　16. ×　17. ×　18. ×　19. √　20. √
21. √　22. √　23. √　24. ×　25. √　26. ×　27. ×　28. √　29. √　30. √
31. ×　32. √　33. ×　34. √　35. ×　36. √　37. √　38. √　39. ×　40. √
41. ×　42. ×　43. ×　44. √　45. √　46. ×　47. √　48. ×　49. ×　50. √
51. √　52. √

四、填空题

1. 不燃或阻燃

2. 污秽分级

3. 安全措施；触及设备或进入遮拦

4. 第一种；第二种

5. 断开；无人工作；对地放电

6. 断路器；电源侧隔离开关；隔离开关

7. 接地（接零）

8. 无票；接地线；负荷；带电

9. 防火隔离；分段阻燃

10. 操作顺序；停止操作；解除防误闭锁装置

11. 绝缘橡胶手套

12. 全部；一部分；一经操作

13. 正极；负极；与此相反

14. 6

15. 全员安全生产责任制

16. 安全风险分级管控

17. 岗位安全责任

18. 主要负责人

19. 管业务；管生产经营

20. 法律；法规

21. 安全警示标志

22. 隔离开关

23. 三个月；考试

24. 进行；移开或越过遮拦

25. 4m；8m；绝缘靴；绝缘手套

26. 0.35

27. 电源

五、简答题

1. **答**：（1）会同工作负责人到现场再次检查所做的安全措施。

（2）对工作负责人指明带电设备的位置和注意事项。

（3）会同工作负责人在工作票上分别确认签名。

2. **答**：（1）停电、验电、接地、悬挂标示牌或采用绝缘遮蔽措施。

（2）邻近的有电回路、设备加装绝缘隔板或绝缘材料包扎等措施。

（3）停电更换熔断器后恢复操作时，应戴手套和护目眼镜。

3. **答**：（1）检修设备。

（2）与工作人员在工作中的距离小于人员工作中与设备带电部分的安全距离的设备。

（3）工作人员与 35kV 及以下设备的距离大于人员工作中与设备带电部分的安全距离，但小于设备不停电时的安全距离，同时又无绝缘隔板、安全遮拦等措施的设备。

（4）带电部分邻近工作人员，且无可靠安全措施的设备。

（5）其他需要停电的设备。

4. 答：（1）若无需变更安全措施范围，应由工作负责人征得工作票签发人和工作许可人同意，在原工作票上增填工作项目。

（2）若需变更或增设安全措施，应填用新的工作票。

5. 答：（1）工作票制度、工作许可制度、工作监护制度。

（2）工作间断、转移和终结制度。

6. 答：停电，验电，装设接地线，悬挂标示牌和装设遮拦。

六、案例分析题

1. 答：（1）原因分析：

1）作业中刁某安全意识淡薄，自我保护意识弱，在拆除电焊机电源线中间接头时，未检查确认电焊机电源是否断开，在电源线带电又无绝缘防护的情况下作业，导致触电。这是此次事故的直接原因。

2）刁某工作前未进行安全风险辨识和危险点预控，相关操作无任何审批监督程序，属于违章作业。

3）工作组成员张某在工作中未有效地进行监督提醒，未及时制止刁某的违章行为。

4）该企业对安全工作的重要性认识不足，现场工作的安全管控不到位，负有安全管理责任。

（2）防范措施：

1）加强对现场工作人员执行《电力安全工作规程》及规章制度的监督与落实，杜绝违章行为的发生。

2）所有工作必须做好安全风险辨识和危险点预控。

3）完善设备停送电制度，制定执行并完善设备停送电检查卡。

4）加强职工的岗位技术培训和安全知识培训，对不具备本职岗位要求的人员，进行培训或转岗。

5）企业应切实提高对安全生产重要性的认识，加大安全生产投入，完善现场设备防护和职工劳动保护，梳理完善现场安全作业管理制度，加强现场工作的安全监督管控。

2. 答：（1）原因分析：

3121隔离刀闸高出人头约2m，且有铁柜遮挡，其弧光不应烧着人，经分析，烧伤人的电弧光不是3121隔离刀闸的电弧光，而是两根接地线烧坏时产生的电弧光。两根接地线是裸露铜丝绞合线，操作用卡钳卡住连接在设备上时，致使一股线接触不良，另一股绞合线还断了几根铜丝。所以，当违章操作时，强大的电流造成短路，不但烧坏了3121隔离刀闸，而且导致一股接地线震动脱落，另一股绞合线铜丝断开，两股接地线在断口处瞬间产生强烈的电弧光，严重烧伤近处的2人。造成这起事故的原因是临时增加工作内容并擅自操作，违反基本操作规程。

（2）防范措施：

1）交接班时及交接班前后15min内一般不进行重要操作。

2）将警示牌已接地换成更明确的表述，如："已接地，严禁合闸"。严格遵守规章制度，严禁带地线或接地刀闸闭合时合闸。

3）接地保护线的作用就在于当发生触电事故时将故障电流引导至大地，提供安全的电流排放路径，从而保障人不受到伤害。因此，接地线质量要好，容量要够，连接要牢靠。

3. **答**：（1）原因分析：可能原因有运维人员点错画面，造成误操作；遥控点号错误。

（2）防范措施：运维人员操作时加强监护，严格执行"两票三制"；加强遥控验收；强化"四遥"信息表的管理工作，总控工作时必须履行相关手续，杜绝因为遥控点号错误或者重合造成误操作事故发生。

第四章　光伏发电站一次系统与储能技术

一、单选题

1. A　　2. B　　3. A　　4. B　　5. A　　6. A　　7. C　　8. C　　9. B　　10. A

11. C　　12. C　　13. D　　14. B　　15. A　　16. C　　17. B　　18. B　　19. A　　20. D

21. B　　22. B　　23. A　　24. C　　25. A　　26. D　　27. A　　28. C　　29. B　　30. B

31. C　　32. D　　33. A　　34. D　　35. D　　36. C　　37. C　　38. C　　39. C　　40. B

41. B　　42. A　　43. B　　44. A　　45. C　　46. A　　47. C　　48. A　　49. B　　50. B

51. A　　52. B　　53. A　　54. D　　55. C　　56. A　　57. A

二、多选题

1. AD　　　　2. ABCD　　　3. ABC　　　4. ACD　　　5. ABCD

6. ABC　　　7. ABD　　　8. ABD　　　9. CD　　　10. BCD

11. ABCD　　12. ABCD　　13. ABD

三、判断题

1. ×　　2. √　　3. ×　　4. ×　　5. √　　6. √　　7. ×　　8. √　　9. ×　　10. √

11. √　　12. √　　13. ×　　14. √　　15. √　　16. ×　　17. √　　18. √　　19. √　　20. √

21. √　　22. ×　　23. √　　24. ×　　25. ×　　26. ×　　27. √　　28. ×　　29. ×　　30. √

31. √　　32. √　　33. √　　34. ×　　35. ×　　36. ×　　37. √　　38. √　　39. √　　40. √

41. √　　42. √　　43. √　　44. √　　45. ×　　46. ×　　47. ×　　48. √　　49. √　　50. √

51. √　　52. √　　53. √　　54. √　　55. √　　56. √　　57. ×　　58. √　　59. √　　60. √

61. √　　62. √　　63. √　　64. √　　65. ×　　66. √　　67. ×　　68. √　　69. ×

四、填空题

1. 250；50～80mm

2. 就地平衡；调整电压

3. 有载调压

4. 10～35kV

5. 逆变器无功功率；升压变压器的变比

6. 可逆流；不可逆流

7. 安装容量；站内汇集线分布

8. 太阳能资源；地理条件

9. 串联；并联

10. 热斑效应；旁路二极管

11. 工作接地；保护接地；防雷接地

12. 电源线路；信号线路

13. 30%

14. 电抗

15. 绝缘；散热；灭弧

16. 电阻式

17. 5；±2×2.5

18. 水平单轴

19. 焊接

20. 保护接地

21. 电容

22. 高

五、简答题

1. **答：**（1）当前后排电池板出现遮挡时，横向放置电池板比竖向放置电池板能输出更多功率。

（2）未遮挡电池板组串和局部遮挡电池板组串并联在一起会形成多峰，不可避免的出现部分功率损失。用多路 MPPT 分开单独追踪，电池板可输出更多功率。

（3）局部遮挡电池组串的最大功率点电压是正常工作电压的 2/3，甚至 1/3，工作电压更宽的逆变器可以输出更多功率。当电池板横向放置时，多路 MPPT 能使遮挡电池组串与未遮挡电池组串分开追踪。组串式逆变器由于工作电压围宽，组串单独追踪，可最大限度地让电池板输出功率。

（4）竖向布置安装方便。横向布置时，最上面的一块组件安装比较困难，影响施工进度。横向安装比竖向安装占地面积大，约多 15%。

2. **答：**跟踪系统的设计应符合下列要求。

（1）跟踪系统的支架应根据不同地区特点采取相应的防护措施。

（2）跟踪系统宜有通信端口。

（3）在跟踪系统的运行过程中，光伏方阵组件串的最下端与地面的距离不宜小于 300mm。

3. **答：**光伏组件支架基础上作用的荷载主要有永久荷载、风荷载、雪荷载、温度荷载及地震荷载。其中，起控制作用的主要是风荷载。

4. **答：**太阳能资源分析包括以下几方面。

（1）长时间序列的年总辐射量变化和各月总辐射量年际变化。

（2）10 年以上的年总辐射量平均值和月总辐射量平均值。

（3）最近三年内连续 12 个月各月辐射量日变化及各月典型日辐射量小时变化。

（4）总辐射最大辐照度。

5. **答**：储能电池宜根据储能效率、循环寿命、能量密度、功率密度、响应时间、环境适应能力、充放电效率、自放电率、深放电能力等技术条件进行选择。

六、计算题

1. **解**：等效利用小时数＝上网电量/装机容量＝400/100＝4（h）

日辐射量＝18/3.6＝5（kWh/m²）

峰值利用小时数＝$5 \times 10^3/1000 = 5$（h）

K＝等效利用小时数/峰值利用小时数＝$\dfrac{4}{5}$＝0.8

答：综合系统系数 K 为 0.8。

2. **解**：

$$年发量\ E_{\text{p}} = H_{\text{A}} \times \frac{P_{\text{AZ}}}{E_{\text{s}}} \times K = 1584 \times \frac{40}{1} \times 0.7 = 44352 (\text{MWh})$$

答：该电站年发电量为 44352MWh。

3. **解**：

$$\Delta S_{\text{c}} = 6 \times \left(\frac{S}{U}\right)^2 \times X = 6 \times \frac{(150 \div 6)^2}{35^2} \times (0.4 \times 11) = 13.4694 (\text{Mvar})$$

$$\Delta S_{\text{b}} = 0.16 \times S_{\text{e}} = 0.16 \times 150 = 24 (\text{Mvar})$$

$$\Delta S_{\text{c220}} = \left(\frac{S}{U}\right)^2 \times X = \frac{150^2}{220^2} \times 0.3 \times 8 = 1.1157 (\text{Mvar})$$

总无功消耗 Q＝13.4694＋24＋1.1157＝38.5851（Mvar）

答：该光伏发电站需配置的容性无功补偿容量为 38.5851Mvar。

4. **解**：由题可知 $U_{\text{dcmax}} = 900\text{V}, U_{\text{oc}} = 35.9\text{V}, K_{\text{v}} = -0.32\%/℃, t = -35℃$，则

$$电池串联数\ N \leqslant \frac{U_{\text{dcmax}}}{U_{\text{oc}}[1 + (t - 25)K_{\text{v}}]}$$

$$= \frac{900}{35.9 \times [1 + (-35 - 25) \times (-0.32\%)]} = 21.03$$

对 N 高斯取整，即 $N = 21$（个）。

答：电池串联数为 21 个。

5. **解**：$P_{\text{AZ}} = 100\text{MW} = 10$（万 kW）

$H_{\text{A}} = 5600/3.6 = 1556$（kWh/m²）

$$P_{AZ-2022}=P_{AZ}\times(1-3\%)=10\times(1-3\%)=9.7（万\ kW）$$

$$P_{AZ-2023}=P_{AZ}\times(1-3\%-0.7\%)=10\times(1-3\%-0.7\%)=9.63（万\ kW）$$

$$P_{AZ-2024}=P_{AZ}\times(1-3\%-0.7\%-0.7\%)$$

$$=10\times(1-3\%-0.7\%-0.7\%)=9.56（万\ kW）$$

由公式 $E_p=H_A\times\dfrac{P_{AZ}}{E_s}\times K$ 可得

$$E_{p-2022}=1556\times9.7/1\times0.83=12527.36（万\ kWh）$$

$$E_{p-2023}=1556\times9.63/1\times0.83=12436.95（万\ kWh）$$

$$E_{p-2024}=1556\times9.56/1\times0.83=12346.55（万\ kWh）$$

答：该光伏发电站 2022 年上网电量为 12527.36 万 kWh，2023 年上网电量为 12436.95 万 kWh，2024 年上网电量为 12346.55 万 kWh。

6. **解**：两阵列的距离

$$D=L\cos\beta+L\sin\beta\frac{0.707\tan\Phi+0.4338}{0.707-0.4338\tan\Phi}$$

$$=2.3\times\frac{\sqrt{3}}{2}+2.3\times\frac{1}{2}\times\frac{0.707\times\frac{\sqrt{3}}{3}+0.4338}{0.707-0.4338\times\frac{\sqrt{3}}{3}}=4.11（m）$$

答：D 为 4.11m。

7. **解**：光伏组件串在最低温下，逆变器能承受的开路电压条件计算可得

$$N\leqslant\frac{U_{dcmax}}{U_{oc}[1+(t-25)\times K_v]}=\frac{1500}{49.26\times[1+(-20-25)\times(-0.28\%)]}=27.04$$

计算逆变器的 MPPT 范围内，组件串数：24.16<N<28.55

$$\frac{U_{mpptmin}}{U_{pm}\times[1+(t'-25)\times K_v]}\leqslant N\leqslant\frac{U_{mpptmin}}{U_{pm}\times[1+(t-25)\times K_v]}$$

$$\frac{860}{40.56\times[1+(65-25)\times(-0.28\%)]}\leqslant N\leqslant\frac{1300}{40.56\times[1+(-20-25)\times(-0.28\%)]}$$

$$23.87个\leqslant N\leqslant28.46个$$

N 取整可得最大串数 $N=28$ 个，串数范围为 24 个 $\leqslant N\leqslant$ 28 个。

答：最大串数为 28 个，建议串数范围为 24～28 个。

8. **解**：逆变器中国加权平均效率 $=0.02\times\eta_{5\%}+0.03\times\eta_{10\%}+0.06\times\eta_{20\%}+0.12\times\eta_{30\%}+0.25\times\eta_{50\%}+0.37\times\eta_{75\%}+0.15\times\eta_{100\%}$

取实测数据中距各标准负载点最近的测试值做近似计算，可得

中国加权平均效率 $=0.02\times94.23\%+0.03\times95.67\%+0.06\times97.23\%+0.12\times$

$$97.55\% + 0.25 \times 97.92\% + 0.37 \times 98.96\% + 0.15 \times 98.77\%$$
$$\approx 98.21\%$$

答： 该逆变器的近似中国加权效率约为 98.21%。

9. **解：** 极限低温下最大串联数 $N \leqslant \dfrac{1000}{39.2[1+(-0.34\%) \times (-18-25)]}$

$$= 22.25 \approx 22(\text{个})$$

$N=21$ 时，小于最大串联数，且

$U_{\min} = 21 \times 29.8 [1 + (55-25) \times (-0.32\%)] = 565.72 \text{ (V)} >$ MPPT 最低电压 450V。

$U_{\max} = 21 \times 29.8 [(1 + (-18-25) \times (-0.32\%)] = 711.91 \text{ (V)} <$ MPPT 最高电压 880V。

故满足要求。

答： 极限低温时光伏组件最大串联数为 22 个。$N=21$ 个时，满足要求。

10. **解：** 最大负荷为同时满足一、二、三级负荷的功率，即

$$P_{\max} = 10 + 15 + 10 = 35(\text{MW})$$

$$I_e = \frac{S}{\sqrt{3} \times U} = \frac{40 \times 10^3}{\sqrt{3} \times 35} = 659.83(\text{A})$$

$$I_m = \frac{P_{\max}}{\sqrt{3} U \cos\varphi} = \frac{35 \times 10^3}{\sqrt{3} \times 35 \times 0.96} = 601.41(\text{A})$$

升压变无功损耗 $Q = \left(\dfrac{10.5 \times 601.41^2}{100 \times 659.83^2} + \dfrac{0.58}{100}\right) \times 40 = 3.721(\text{Mvar})$

分裂变无功损耗 $Q = \left(\dfrac{6.5}{100} + \dfrac{0.6}{100}\right) \times 1 \times 40 = 2.84 \text{ (Mvar)}$

若已知线路的负荷电流时，则该段线路的有功功率和无功功率损耗分别为

$$\Delta P = 3I^2 R$$

$$\Delta Q = 3I^2 X$$

则并网线路感性无功 $Q = 3 \times \left(\dfrac{40000}{\sqrt{3} \times 110}\right)^2 \times 0.4 \times 13 = 0.688 \text{ (Mvar)}$

又根据 GB/T 19964—2024《光伏发电站接入电力系统技术规定》可得

$$Q = 3.721 + 2.84 + \frac{0.688}{2} = 6.905 \text{ (Mvar)}$$

答： 该光伏发电站需安装的动态容性无功容量为 6.905Mvar。

第五章　光伏发电站继电保护及安全自动装置

一、单选题

1. A　2. B　3. A　4. B　5. A　6. D　7. D　8. A　9. B　10. D

11. A　12. B　13. B　14. A　15. C　16. B　17. D　18. A　19. A　20. D

21. C　22. D　23. C　24. B　25. B　26. D　27. D　28. A　29. B　30. B

31. C　32. D　33. B　34. C　35. C　36. C　37. C　38. B　39. B　40. D

41. C　42. C　43. D　44. C　45. A　46. B　47. C　48. D　49. C　50. B

51. B　52. B　53. D　54. C　55. A　56. C　57. D　58. D　59. A　60. C

61. A　62. A　63. A　64. A　65. C　66. B　67. A　68. D　69. B　70. C

71. A　72. C　73. B　74. A　75. B　76. A　77. B　78. B　79. C　80. D

81. D

二、多选题

1. ABC　　2. AB　　3. ABCDE　　4. ABCD　　5. ABD　　6. ABCD

7. ABC　　8. ABD　　9. ABCD　　10. ABCD　　11. ABCD　　12. ABCD

13. ABC　　14. ABCD　　15. ABCD　　16. ABC　　17. ABCD　　18. CD

19. ABCD　　20. ABD　　21. ABD　　22. ABCD　　23. ABC　　24. ABC

25. ABCD　　26. BC　　27. AD　　28. BC　　29. AB　　30. AB

31. ACD　　32. ACD　　33. ABD　　34. ABCD　　35. BC　　36. ABCD

37. ABD　　38. ACD　　39. ABCD　　40. ABCD　　41. BC　　42. ABCD

43. AB　　44. ABCD　　45. CD　　46. AC　　47. ABCD　　48. ABC

49. AB　　50. ABCD　　51. ABCD　　52. AD　　53. ABCD　　54. ABCD

55. ABCD　　56. BC　　57. CD　　58. ABCD　　59. ABC　　60. AB

61. AC

三、判断题

1. √　2. √　3. √　4. ×　5. √　6. √　7. √　8. ×　9. ×　10. ×

11. √　12. ×　13. ×　14. ×　15. ×　16. ×　17. √　18. √　19. √　20. √

21. ×　22. √　23. √　24. √　25. √　26. √　27. √　28. ×　29. √　30. √

31. √　32. ×　33. ×　34. ×　35. ×　36. √　37. √　38. √　39. ×　40. √

41. √　42. ×　43. ×　44. √　45. ×　46. ×　47. √　48. √　49. √　50. √

51. ×　52. √　53. ×　54. ×　55. ×　56. ×　57. ×　58. √　59. ×　60. √

61. √　62. ×　63. ×　64. ×

四、填空题

1. 0.2~0.5s

2. 故障前 10s；故障后 60s

3. P

4. 主动式检测；被动式检测

5. ±7%；−10%~7%

6. 分段；独立；联络开关；断开

7. 逆向功率；5%；0.5~2s

8. 非计划性孤岛；计划性孤岛

9. 功率因数；电能质量

10. 0.5

11. 投入

12. 中性点接地方式

13. 0.1

14. 灵敏

15. 4Ω

16. 分段式相间

17. 电压

18. 电能质量监测

19. 连续监测；不定时监测；专项监测

20. 人工控制；自动控制

21. 安全分区

22. 管理信息

23. 二

24. 执行机构

25. 短路

26. 过、欠电压；过、欠频率；防孤岛效应

27. 补偿零值

28. 三相四线

29. 十二线

30. 防静电板

31. 漏油；渗油；温度下降

32. 网络；网关

33. 保护正反向；区内外

34. 断路器三相不一致

35. 10ms

36. 用装置进行跳合闸试验

37. 50m

38. 灵敏性

五、简答题

1. 答：（1）光伏发电站并网状态、辐照度、环境温度。

（2）光伏发电站有功和无功输出、发电量、功率因数。

（3）光伏发电站并网点的电压和频率、注入电网的电流。

（4）主变压器分接头挡位、主断路器开关状态等。

2. 答：继电保护装置能反应电气设备的故障和不正常工作状态，并自动迅速地、有选择性地动作于断路器，将故障设备从系统中切除，保证无故障设备继续正常运行，将事故限制在最小范围，提高系统运行的可靠性，最大限度地保证向用户安全、连续供电。

3. 答：（1）应设置防雷保护装置。

（2）汇流箱的输入回路宜具有防逆流及过电流保护。对于多级汇流光伏发电系统，如果前级已有防逆流保护，则后级可不做防逆流保护。

（3）汇流箱的输出回路应具有隔离保护措施。

（4）宜设置监测装置。

4. 答：（1）应有的保护包括输出短路保护、过电流保护、输入欠电压保护、输入过电压保护、输入反接保护、防雷保护、频率异常保护、防孤岛运行保护、过温保护。

（2）应有的功能包括低电压穿越功能、最大功率点跟踪（MPPT）功能。

5. 答：继电保护双重化配置的目的是防止因保护装置拒动而导致系统事故，同时又可大大减少由于保护装置异常检修等原因造成的一次设备停运现象。

6. 答：DL/T 317—2010《继电保护设备标准化设计规范》对断路器的要求如下。

（1）三相不一致保护功能应由断路器本体机构实现。

（2）断路器防跳功能宜由断路器本体机构实现。

（3）断路器跳合闸压力异常闭锁功能宜由断路器本体机构实现，应能提供两组完全独立的压力闭锁触点。

（4）500kV 变压器低压侧断路器宜为双跳闸三相联动断路器。

7. **答**：DL/T 478—2013《继电保护及安全自动装置通用技术条件》对保护装置接地的要求如下。

（1）装置应设置接地点，以满足装置安全性能电磁兼容性能等要求。

（2）保护屏（柜）应装有接地铜排，汇流屏（柜）内各种接地线，搭接屏（柜）间专用接地铜排控制室屏蔽接地网。接地铜排截面积不小于 $100mm^2$。

（3）装置的接地端子应能可靠连接截面积不小于 $4mm^2$ 的多股铜线。

（4）为防止电击伤害，装置的金属外壳屏（柜）应实现导电性互连，并可靠接地。装置的外露可导电部分与保护接地端子或屏柜的接地铜排之间的电阻不应超过 0.1Ω。

8. **答**：复合电压闭锁过电流保护指在过电流保护基础上，加入由一个负序电压继电器和一个接在相间电压上的低电压继电器组成的复合电压启动元件构成的保护。只有在负序电压大于定值或相间电压小于定值且电流测量元件动作时，保护装置才能动作于跳闸。复合电压闭锁过电流保护灵敏度比纯过电流保护灵敏度要高。

9. **答**：瓦斯保护能反应变压器油箱内的任何故障，如铁芯过热烧伤．油面降低等，但差动保护对此无反应。又如变压器绕组发生轻微的匝间短路，虽然短路匝内短路电流很大会造成局部绕组严重过热产生强烈的油流向储油柜方向冲击，但表现在相电流上其量值却不大，因此差动保护没有反应，但瓦斯保护对此却能灵敏地加以反应，这就是差动保护不能代替瓦斯保护的原因。

10. **答**：零序第一段是按躲过本线路末端单相短路时流经保护装置的最大零序电流整定的，不能保护本线路的全长。零序保护第二段是与保护安装处的相邻线路零序保护第一段相配合，可保护本线路全长并延伸到相邻线路中。零序保护第三段是与相邻线路零序保护第二段相配合的，它是一、二段的后备保护。零序保护第四段一般是作为第三段保护的后备段。

11. **答**：（1）通过变电站综合自动化系统内各设备间相互交换信息，数据共享，完成变电站运行监视和控制任务。

（2）变电站综合自动化替代了变电站常规二次设备，简化了变电站二次接线。

（3）变电站综合自动化是提高变电站安全稳定运行水平、降低运行维护成本、提高经济效益、向用户提供高质量电能的一项重要技术措施。

12. **答**：（1）遥测是远方测量，简记为 YC。它将被监视厂站的主要参数变量远距离传送给调度，如厂站端的功率、电压、电流等。

（2）遥信是远方状态信号，简记为 YX。它将被监视厂站的设备状态信号远距离传送给调度，如开关位置信号。

（3）遥控是远方操作，简记为 YK。它是从调度发出命令以实现远方操作和切换，这种命令通常只取两种状态指令，如命令开关的"合"、"分"。

（4）遥调是远方调节，简记为 YT。它是从调度发出命令以实现对远方设备进行调整操作，如变压器分接头位置、发电机的输出功率等。

13. **答**：交流供电电源必须可靠，应有两路来自不同电源点的供电线路供电。电源质量应符合设备要求，电压波动宜在±10%范围内。为保证供电的可靠和质量，计算机系统应采用不间断电源供电，交流电源失电后维持供电宜为。

14. **答**：工频过电压一般由线路空载、接地故障和甩负荷引起。操作过电压一般由以下原因引起：线路切、合与重合；故障与切除故障；断开容性电流和断开较小或中等的感性电流；负载突变。

15. **答**：电能质量指导致用电设备故障或不能正常工作的电压、电流或频率的偏差，其内容包括频率偏差、电压偏差、电压波动与闪变、三相不平衡、暂时或瞬态过电压、波形畸变、电压暂降与短时间中断及供电连续性等。

16. **答**：电能质量监测装置巡视应检查监测装置温度、声音无异常，无异味；监测装置显示正常；监测装置二次回路无端子松动、脱落、发热等现象；对电能质量监测系统中运行下监测装置进行远程数据检查；根据检测装置的结构特点补充检查的其他项目。

17. **答**：防误闭锁装置不得随意退出运行，停用防误闭锁装置应经本企业主管生产的副厂长（或总工程师）批准；紧急情况时，需短时间解除防误闭锁装置进行操作的，必须经当班值长批准，并应按程序尽快投入。

18. **答**：（1）因滤油、加油或冷却系统不严密以致空气进入变压器。

（2）因温度下降或漏油致使油面低于气体继电器轻瓦斯浮筒。

（3）变压器故障产生少量气体。

（4）发生穿越性短路。

（5）气体继继电器或二次回路故障。

19. **答**：降低计量电压二次回路压降的措施包括缩短二次电压回路长度，增大导线截面积，减小导线电阻；配置电子式电能表（优先采用辅助电源供电的电能表），减小二次负载电流；采用接触电阻小的优质、快速空气断路器，减小断路器上的电压降；计量用电压切换装置，采用接触电阻小的优质重动继电器，减小继电器触点上的电压降；防止二次电压回路两点或多点接地，避免由于地电位差引起回路压降改变。

20. 答：（1）检查运行环境。端子箱密封良好，端子排无积尘、无凝露。

（2）检查绝缘情况。交、直流回路绝缘良好，端子排、元器件无放电情况。

（3）检查二次回路红外测温。TA 回路端子排接线压接紧固，无松动、放电、过热情况。

（4）检查电缆封堵状况。电缆孔洞封堵良好。

（5）检查 TA 二次接地状况。TA 二次绕组有且只有一个接地点，接地点位置按反事故措施要求装设。接地线压接良好，无放电现象。

（6）检查 TV 二次接地状况。TV 二次绕组有且只有一个接地点，接地点位置按反事故措施要求装设。接地线压接良好，无放电现象。

21. 答：（1）外观检查。

（2）保护电源检查。

（3）电流电压回路检查。

（4）二次回路绝缘检查。

（5）装置的数模转换。

（6）开关量的输入。

（7）定值校验。

（8）整组传动试验。

（9）投运前检查。

22. 答：（1）壳体清洁，密封良好。

（2）柱极极性无误，无变形、盐沉积。

（3）浮充电运行蓄电池组，环境温度不得长期超过 30℃。

（4）连接条、螺栓及螺母齐全，无锈蚀、松动。

（5）漏液安全阀阀体完好，无漏液。

（6）至少每月检测单只蓄电池电压，及时活化或更换不合格电池。

23. 答：用 I_{10} 电流放出蓄电池组额定容量的 50%，在放电过程中，单体蓄电池电压不能低于 2V。放电后，应立即用 I_{10} 电流进行恒流充电，当蓄电池组电压达到（2.30～2.33）V×N 时转为恒压充电；当充电电流下降到 $0.1I_{10}$ 电流时，应转为浮充电运行。反复几次上述放电方式后，可认为蓄电池组得到了活化，容量得到了恢复。

24. 答：在保护屏的端子排处将所有外部引入的回路及电缆全部断开，分别将电流、电压、直流控制信号回路的所有端子各自连接在一起，用 1000V 绝缘电阻表测量绝缘电阻，其阻值均应大于 10MΩ。

六、案例分析题

答：（1）保护动作分析。值班人员对 SVC 系统操作不熟悉，对电容器放电特性不了解，在分闸操作完成后，短时间内再次进行合闸操作，$LC1$ 滤波回路停运时间过短（约 5min），滤波电容器放电不彻底，尚有大量剩余电荷，此时 $LC1$ 整个滤波电容器残压较高，导致断路器合闸瞬间时产生很大冲击电流，造成保护动作。

（2）后续工作建议。加强人员技能培训，规范日常操作，防止类似事件再次发生。

第六章　光伏发电站并网运行技术

一、单选题

1. A	2. C	3. C	4. B	5. B	6. A	7. B	8. C	9. B	10. A
11. C	12. B	13. B	14. B	15. C	16. B	17. D	18. C	19. C	20. D
21. A	22. B	23. B	24. B	25. C	26. C	27. C	28. A	29. D	30. C
31. B	32. B	33. D	34. B	35. C	36. B	37. A	38. B	39. D	40. C
41. C	42. B	43. A	44. B	45. A	46. C	47. C	48. C	49. A	50. B
51. B	52. B	53. D	54. C	55. D	56. D	57. B	58. C		

二、多选题

1. ABCD	2. AB	3. AC	4. ABCD	5. ABCD
6. ABC	7. ABC	8. ABD	9. ABC	10. ACD
11. ABCD	12. BDA	13. ABCDE	14. ABCD	15. ABC
16. AC	17. CD			

三、判断题

1. √	2. √	3. ×	4. √	5. ×	6. √	7. ×	8. √	9. ×	10. √
11. √	12. ×	13. ×	14. ×	15. ×	16. ×	17. ×	18. √	19. √	20. ×
21. ×	22. √	23. √	24. ×	25. ×	26. √	27. ×	28. √		

四、填空题

1. 三相输出；2%；4%

2. 逆变器；无功补偿装置

3. 0.15s；0.625s

4. 30%额定功率/s

5. 1.1标称电压 $<U_z<$ 1.2标称电压，1.2标称电压 $\leqslant U_r \leqslant$ 1.3标称电压

6. 49.5Hz；2min

7. 中型；装机容量/5

8. 1.2

9. 6

10. 30ms

11. 分（电压）层；分（电）区；优化调压；降低线损；检修备用

12. 超前 0.95～滞后 0.95

13. 恒电压控制；恒功率因数控制；恒无功功率控制；调节速度；控制精度

14. 定频率控制方式；定联络线功率控制方式；联络线功率与频率偏移控制方式

15. 不小于 1min

16. 无功功率

17. 调峰；调频

18. 自动电压控制（AVC）

19. 30

20. 动态无功补偿

21. 0～30％

22. 非控制区

23. 二次调频

24. 电压；无功

25. 不脱网连续运行

26. 调度数据网

27. 15

28. 10

五、简答题

1. 答：

（1）光伏发电站并网点电压跌至 0 时，光伏发电站应能不脱网连续运行；

（2）光伏发电站并网点电压跌至 GB 19964—2024 中低电压穿越图中曲线 1 以下时，光伏发电站可以从电网切出。

2. 答：通过 330kV 及以上电压等级接入电网的光伏发电站，在正常运行方式下，其并网点最高运行电压不得超过系统标称电压的 110％；最低运行电压不应影响电力系统同步稳定、电压稳定、站用电的正常使用及下一级电压的调节。

3. 答：（1）容性无功容量应能够补偿光伏发电站满发时汇集线路、主变压器的感性无功及光伏发电站送出线路的全部感性无功之和。

（2）感性无功容量应能够补偿光伏发电站自身的容性充电无功功率及光伏发电站送出线路的全部充电无功功率之和。

4. 答：（1）光伏发电站应向电网调度机构提供光伏发电站接入电力系统检测报告。当累计新增装机容量超过 10MW，需要重新提交检测报告。

（2）光伏发电站在申请接入电力系统检测前需向电网调度机构提供光伏部件及光伏发电站的模型、参数、特性和控制系统特性等资料。

（3）光伏发电站接入电力系统检测由具备相应资质的机构进行，并在检测前 30 日将检测方案报所接入地区的电网调度机构备案。

（4）光伏发电站应在全部光伏部件并网调试运行后 6 个月内向电网调度机构提供有关光伏发电站运行特性的检测报告。

5. **答**：检测应按照国家或有关行业对光伏发电站并网运行制定的相关标准或规定进行，应包括但不仅限于以下内容。

（1）光伏发电站电能质量检测。

（2）光伏发电站有功、无功功率控制能力检测。

（3）光伏发电站低电压穿越能力验证。

（4）光伏发电站电压、频率适应能力验证。

6. **答**：控制电网频率的措施包括一次调频、二次调频、高频切机、自动低频减负荷、机组低频自启动、负荷控制，以及直流调制等。

7. **答**：自动发电控制系统（AGC）是能量管理系统（EMS）的重要组成部分，按电网调度中心的有功功率控制目标将指令发送给有关发电厂或逆变器，通过逆变器的自动功率控制调节装置，实现对逆变器输出的有功功率自动控制。

8. **答**：SVG 的基本原理是将桥式变流电路通过电抗器并联（或直接并联）在电网上，适当调节桥式变流电路交流侧输出电压的相位和幅值或者直接控制其交流侧电流，使该电路吸收或者发出满足要求的无功电流，从而实现动态无功补偿的目的。

六、案例分析题

答：低电压穿越曲线见图 1 中的曲线 1。

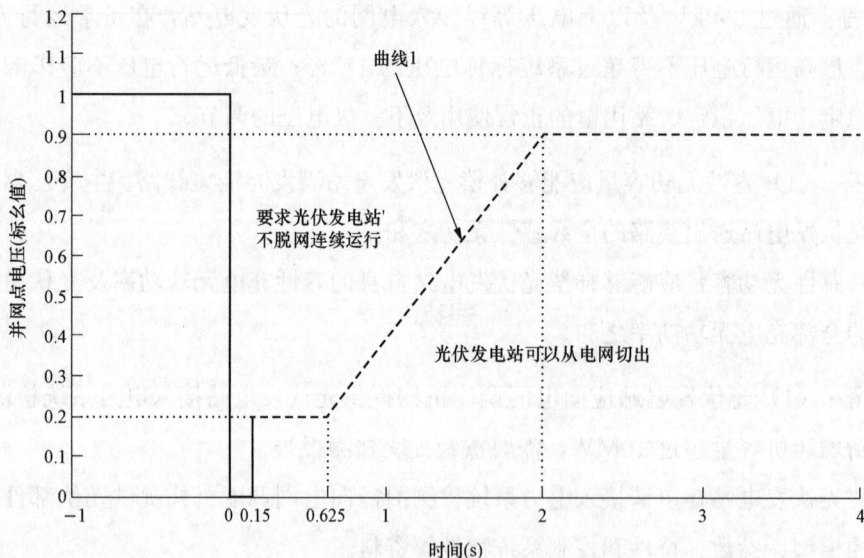

图 1　低电压穿越图

设曲线 1 上某点坐标为 (T, U)，则

$$U = 0.509T - 0.118 = 0.509 \times 1.5 - 0.118 = 0.646$$

该逆变器动作时的实际电压 $= 0.646 \times 800 = 516.4$（V）$> 516$V。

因此，判断该逆变器动作正确。

第七章　光伏发电站运行与检修

一、单选题

1. A　2. B　3. A　4. B　5. D　6. B　7. C　8. B　9. C　10. A

11. C　12. B　13. D　14. C　15. A　16. A　17. A　18. A　19. D　20. D

21. D　22. D　23. D　24. D　25. D　26. D　27. D　28. A　29. A　30. A

31. B　32. D　33. A　34. A　35. A　36. C　37. A　38. B　39. D　40. D

41. B　42. B　43. C　44. A　45. A　46. A　47. B　48. A　49. C　50. C

51. D　52. D　53. B　54. B　55. B　56. A　57. A　58. D　59. A　60. D

61. A　62. D　63. B　64. A　65. B　66. C　67. D　68. B

二、多选题

1. ABCD　2. CD　3. ABC　4. AB　5. ACD

6. ABCD　7. ABCD　8. ABC　9. ABCD　10. ABCD

11. ABD　12. ABCD　13. ABCD　14. ABC　15. ACD

16. ABCD　17. ABCD　18. ABDE　19. BDE　20. BC

21. ACDE　22. AC　23. AC　24. BCD　25. ABD

26. AB　27. ABD　28. ABCD　29. ABCD　30. ABCDE

31. ABC　32. ABC　33. ABCD　34. ABCDE　35. BCD

36. ABC　37. ABCD

三、判断题

1. √　2. √　3. √　4. √　5. √　6. √　7. ×　8. ×　9. ×　10. ×

11. √　12. ×　13. √　14. √　15. ×　16. √　17. ×　18. √　19. ×　20. √

21. √　22. √　23. √　24. √　25. √　26. √　27. √　28. √　29. √　30. √

31. √　32. √　33. ×　34. √　35. √　36. √　37. √　38. √　39. ×　40. ×

41. ×　42. ×　43. √　44. √　45. ×　46. √　47. √　48. ×　49. ×　50. √

51. ×　52. √　53. √　54. ×

四、填空题

1. 电势诱导衰减

2. 负极接地；负极接地

3. 1‰；0.2%

4. 每季度；每月

5. 红外热成像仪；组件测试仪

6. 开路

7. 0.1

8. 热斑

9. 一致性

10. 电流互感器；电压互感器

11. 200W/m²；腐蚀性溶剂；硬物

12. 40

13. 5%～8%

14. 季度；年

15. 季度；两

16. 季度；年

17. MC4；IP67

18. 2

19. 10

20. 短路；开路

21. 1；2

22. 3

23. 0.5；0.5

24. 过电压

25. 电池正上方；20℃

26. 减速机；万向节；紧固螺栓

27. 熔断器；接线；电源模块

28. 电压；电流

29. 效率测试；逆变器电能质量测试

30. 交流；直流

31. 200W/m²

32. 0.1

33. 1000

34. 4

35. 耐压前后

36. 谐振

37. 6

38. 断口间均压

39. 容量

40. SF$_6$ 分解产物

41. 工频耐压试验

42. 过补偿

43. 过补偿

44. 雷击；操作

45. 热斑；隐裂

五、简答题

1. 答：（1）应注意钳形电流表的电压等级。

（2）测量时应戴绝缘手套，站在绝缘物上，不应触及其他设备，以防短路或接地。

（3）测量低压熔断器和水平排列低压母线电流前，应将各相熔断器和母线用绝缘材料加以隔离。

（4）观测表计时，应注意保持头部与带电部分的安全距离。

2. 答：（1）光伏发电站电能质量检测。

（2）光伏发电站有功、无功功率控制能力检测。

（3）光伏发电站低电压穿越能力验证。

（4）光伏发电站电压、频率适应能力验证。

3. 答：电池组件的封装材料和其上、下表面的材料及电池片与其接地金属边框之间的高电压作用下出现离子迁移，而造成组件性能衰减的现象称为电势诱导衰减。

4. 答：组件隐裂指电池片受到较大机械力或热应力时，在电池单元产生肉眼不易察觉的隐形裂纹。

5. 答：（1）逆变器外标识名称、编号是否齐全，外观是否完好，门锁是否正常，是否清洁、无杂物。

（2）监控屏上的各运行参数是否正常，开关位置是否正确。

（3）检查机器百叶窗处是否有足量的冷却风吸入，通风口是否有异物堵塞。

（4）逆变器是否有异常振动、异常气味和异常声音。

（5）各引线接头接触是否良好，接触点是否发热，有无烧伤痕迹，引线有无断股、折断、破损、变色等现象。

（6）逆变器接地是否良好，通信指示是否正常。

6. 答：光伏发电站运行评价的内容应包括太阳能资源、电量、能耗、设备运行水平、设备可靠性等方面，运行评价指标应包括但不限于光伏发电站峰值日照时数、等效年利用小时数、站用电率、光伏电站系统效率、度电运行维护费、主要设备可利用率。

7. **答**：（1）逆变器本体。机内温度过高导致降负荷运行，逆变器本体直流侧断路器脱扣，逆变器部分逆变模块退出运行，MPPT 功能异常。

（2）直流配电柜。柜内部分直流电路器脱扣。

（3）汇流箱。汇流箱内断路器脱扣，汇流箱内支路熔断器熔断。

（4）电池组件。部分电池组件退出运行或组件存在失配效应，组件转换效率偏低。

（5）环境因素。组件表面积灰，异物遮挡。

8. **答**：电气设备的绝缘在交流电压作用下大都表现为容性阻抗，但并不是纯容性，其有功功率损失部分统称为绝缘的介质损失。绝缘受潮后有功功率损失明显增大，因此对大部分电气设备通过检测介质损失，可以检查出绝缘是否受潮。

9. **答**：运行评价指标应包括但不限于光伏发电站峰值日照时数、等效年利用小时数、站用电率、光伏电站系统效率、度电运行维护费、主要设备可利用率。

10. 如图 1 所示。

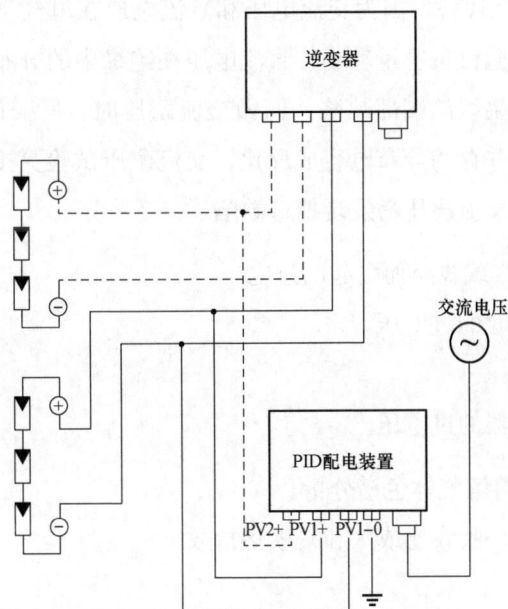

图 1　光伏组件电势诱导衰减修复装置典型电气接线图

11. **答**：（1）新设备投运的巡视检查周期应相对缩短，投运 72h 后可转入正常巡视。

（2）夜间闭灯巡视，有人值班的变电站每两个月一次。

（3）气温突变，增加巡视。

（4）雷雨季节雷击后应进行巡视检查。

（5）高温季节高峰负荷期间应加强巡视。

12. **答：** 变压器进行直流电阻试验的目的是检查绕组回路是否有短路、开路或接错线，检查绕组导线焊接点、引线套管及分接开关有无接触不良。另外，还可核对绕组所用导线的规格是否符合设计要求。

13. **答：**（1）线路短路故障。

（2）长期过负荷运行，绝缘严重老化。

（3）绕组绝缘受潮。

（4）绕组接头或分接开关接头接触不良。

（5）雷电波侵入时绕组过电压。

14. **答：**（1）变压器过负荷运行时（特殊情况除外）。

（2）有载调压装置的轻瓦斯保护频繁出现信号时。

（3）有载调压装置的油标中无油时。

（4）调压次数超过规定时。

（5）调压装置发生异常时。

15. **答：** 不可以相互代替。因为交流电压和直流电压在电气设备中的分布是不一样的，直流耐压所需的试验设备容量较小，直流电压在绝缘中的分布同绝缘电阻的分布成正比，易发现电机定子绕组的端部缺陷。而做交流耐压时，所需的试验设备容量较大，交流电压则与绝缘电阻并存的分布电容成反比，交流耐压试验更接近于设备在运行中过电压分布的实际情况，交流耐压易发现槽口缺陷。

16. **答：**（1）切除空载线路而引起的过电压。

（2）空载线路合闸时的过电压。

（3）电弧接地过电压。

（4）切除空载变压器的过电压。

17. **答：**（1）油中溶解气体色谱分析。

（2）绕组绝缘电阻、吸收比或（和）极化指数。

（3）绕组的 $\tan\delta$。

（4）交流耐压试验。

（5）绕组泄漏电流。

（6）局部放电测量。

18. **答：** 电力生产区域是指与电力生产有关的运行、检修维护、施工安装、试验、修配场所，以及生产仓库、汽车库、输电线路及电力通信设施的走廊等。

19. **答：** 变压器油位在正常情况下随着油温的变化而变化，因为油温的变化直接影响变压器油的体积，使油表内的油面上升或下降。影响油温变化的因素有负荷的变化、环境温度的变化、内部故障及冷却装置的运行状况等。

20. **答：**可以根据变压器发出的声音来判断其运行情况。用木棒的一端放在变压器的油箱上，另一端放在耳边仔细听声音，如果连续的嗡嗡声比平常加重，就要检查电压和油温；若无异状，则多是铁芯松动；当听到吱吱声时，要检查套管表面是否有闪络的现象；当听到噼啪声时，则是内部绝缘击穿现象。

21. **答：**（1）油标管堵塞。

（2）呼吸器堵塞。

（3）安全气道通气孔堵塞。

（4）薄膜保护式储油柜在加油时未将空气排尽。

22. **答：**变压器的温度是指变压器本体各部位的温度。温升是指变压器本体温度与周围环境温度的差值。

23. **答：**（1）应立即停止操作，并向值班调度员或值班负责人报告，弄清问题后，再进行操作。

（2）不准擅自更改操作票。

（3）不准随意解除闭锁装置。

六、案例分析题

1. **答：**（1）保护动作分析。

1）4 号接地变压器在运行当中，壳体振动较大，导致接地电阻测温元件（PT100）连接插头接触不良，接地变压器温度控制器测量到的阻值偏大，误判断为接地电阻超温故障，误启动出口继电器。

2）4 号接地变压器保护装置接收到电阻超温开关量触点闭合信息后，立即启动出口继电器以及扩展继电器，跳 4 号接地变压器进线 3544 断路器，同时联跳 4 号主变压器低压侧 3504，集电线路 3541、3542、3543，SVG 电源 3545 断路器，35kV Ⅳ c 段母线失电压。

（2）保护动作评价。此次因测温元件接触不良，导致接地变压器非电量保护误动跳闸。保护装置评价为"不正确"动作 1 次。

（3）后续工作建议。建议将站内各接地变压器超温跳闸功能退出，改投"信号"，对其他接地变压器超温跳闸回路接线进行排查，避免同类事故再次发生。

2. **答：**（1）保护动作分析。110kV Ⅱ 母线采用国电南瑞科技股份有限公司生产的 NSR-371ADA 型母线保护装置，设计院图纸设计要求进入差动保护的保护装置各 TA

回路在差动保护屏内集中一点接地。能元线 TA 支路电流 C 相缆芯在 110kVⅡ母线升压站能元线汇控柜内对地绝缘击穿后，形成第二个接地点，造成能元线支路 C 相存在两点接地。当 110kV 系统发生 B 相接地故障，升压站地网中流过接地故障电流时，在上述两个电流二次回路接地点之间产生电势差，此电势差叠加在能元线 C 相电流回路，使得流进母差保护装置的电流额外增大，导致 110kVⅡ母差动保护装置在区外故障时不正确动作。

（2）工作建议。①加强继电保护检验过程监督管理工作，严格按照 DL/T 995—2016《继电保护和电网安全自动装置检验规程》规定项目开展工作；②在保护检验中应将重点放在二次回路接线上，着重检查保护装置以外的交流电流（电压）回路接线、断路器跳（合）闸回路接线、操作箱回路接线等。

3. **答**：可能原因如下。

（1）接触器内堆积灰尘太多或有水气，使用环境条件差，造成相间短路。

（2）操作频率过高或工作电流过大，触头端子容量不够。

（3）线圈制造工艺不良或由于机械损伤、绝缘损伤等。

（4）线圈技术参数（如额定电压、频率、通电持续率及适用工作制等）与实际适用条件不符。

（5）线圈两端电压过高或过低。线圈电压过高，会使电流增大，甚至超过额定值；线圈电压过低，会造成衔铁吸合不紧密而产生振动，严重时衔铁不能吸合，电流剧增使线圈烧毁。

4. **答**：（1）异常分析及异常原因。从故障现象来看，为 35kVⅠ段母线 A 相永久金属性接地，造成 35kVⅠ段母线 B、C 相相电压升高为线电压，A 相指示为零。

（2）事件处理。

1）根据现场现象作好记录，并汇报调度。

2）根据信号、表计指示、天气、运行方式、系统是否有操作等情况，分析判断。

3）对该母线上所接的设备进行检查，检查时应做好防护措施（穿绝缘靴，戴绝缘手套）。

4）如通过巡视设备可以发现明显故障点，应向调度申请停运故障设备，在停运前应注意电压及无功情况。涉及站用变压器时应做好保站用电源的可靠措施，特别注意电容器停电后不能立即投入运行。如未发现明显故障点，应向调度申请拉路查找。拉路完毕后如接地现象继续存在，异常可能是发生在母线、变压器及电压互感器本体，需申请停电处理。

5）找到故障点后，做好安全措施，待来人处理。

第八章　光伏发电站典型生产操作

一、单选题

1. A　2. A　3. A　4. A　5. A　6. A　7. A

二、多选题

1. ABCD　2. ABCD　3. AB　4. BC　5. AB　6. ABCD　7. BCD

三、填空题

1. 600W/m², 20

2. 红外热斑测试；电气安全测试

3. 400W/m²

4. 开关设备；合闸

5. 合适；合格；各相

6. 远控

7. 护目眼镜；绝缘夹钳；绝缘垫或绝缘台

四、简答题

1. 答：（1）光伏支架跟踪系统绝缘电阻测试。

（2）跟踪系统接地电阻测试。

（3）接收指令及动作情况测试。

（4）自动跟踪模式下跟踪范围、跟踪精度及反向跟踪功能测试。

（5）自动跟踪模式下跟踪系统极限位置保护功能测试。

（6）自动跟踪模式下跟踪系统自动复位功能测试。

2. 答：运行中的电气设备是指全部带有电压或部分带有电压以及一经操作即带有电压的电气设备。运行中的电气设备经过操作切换改变运行方式，可以有三种不同的运行状态。

（1）运行状态。运行中的设备带电正常工作的状态，即为运行状态。

（2）热备用状态。电气设备仅断路器断开的状态，即为热备用状态，也叫停运状态。

（3）冷备用状态。电气设备断路器不仅在断开位置，而且其两侧的隔离开关都已断开，隔离开关断口之间形成了明显的空气绝缘间隙，断路器与隔离开关的控制合闸电源均已与设备断开的状态，即为冷备用状态。

五、案例分析题

1. 答：（1）故障处理。断开故障汇流箱侧断路器及逆变器侧断路器，使用万用表测量汇流箱侧断路器确无电压，逆变器侧挂"禁止合闸，有人工作"标示牌，依次断开各支路直流熔断器并拉出。使用专业内六角扳手，依次拆除汇流箱断路器进线母排连接螺栓及出线电缆连接螺栓，使用十字螺丝刀拆除断路器固定螺钉，更换新的汇流箱直流断路器，依次安装好电缆进线、母排、紧固螺栓，恢复直流熔断器，合上汇流箱断路器，合上逆变器直流柜内断路器，并网后设备运行正常。

（2）预防措施。①汇流箱长期露天放置保存管理不到位，致使在使用过程中出现磨损，应在设备投用前进行细致检查，避免存在隐患的设备带电运行；②运行维护中，应完善设备管理体系，加强运维人员设备管理防护意识。

2. 答：（1）判断为汇流箱内光伏连接线与熔断器底座连接松动，长期运行连接线发热，以致汇流箱烧坏。

（2）故障处理。断开该汇流箱所有直流熔断器，拆除汇流箱内烧坏的光伏连接线和熔断器底座，清扫汇流箱内杂物。更换熔断器底座，重新制作光伏连接线并牢固连接到熔断器底座上。对其他几条支路连接线进行紧固排查。对组件测 MC4 插头进行连接。测量组串电压都在 770～780V 之间，正、负极对地电压正常，无接地现象。投 4 号汇流箱所有直流熔断器及断路器，测量各支路电流正常。

（3）预防措施。现场运行维护不到位，未定期对汇流箱内部接线进行紧固排查，应加强现场监管，定期开展汇流箱专项检查工作。

3. 答：原因分析如下：

（1）逆变器至电网并网点之间的线缆过细、过长、存在缠绕或者线缆材质不合格，导致逆变器交流侧的电压抬升。

（2）光伏系统的装机容量过大，电网消纳能力不足，导致电网电压抬升。

（3）逆变器电压采样板排线松动或电压采样板故障，导致电压故障。

4. 答：（1）事故原因分析。

1）在倒闸操作过程中，未唱票复诵，没有核对设备名称、位置和编号就盲目操作，违反了操作的相关规定。

2）未经验电即合上接地开关，是造成这次事故的直接原因。

3）为减少操作行程，监护人和操作人在操作中擅自更改操作票顺序，操作中随意解除防误闭锁装置进行操作。

4）操作中监护人帮助操作人操作，没有严格履行监护职责，致使操作完全失去监护，且客观上还误导了操作人。

（2）暴露的问题。

1）操作人员责任心不强，违章违纪现象严重。这次误操作就是一系列违章造成的。

暴露了管理人员、运维人员责任心不强，不吸取别人的及过去的误操作事故经验教训，现场把关失职，操作马虎了事，违章操作。

2）危险点分析与预控措施未到位。虽然危险点分析与预控措施的方法方式符合要求，但其内容要求及工作程序没有落实。在贯彻执行时，很多方面在走过场。这次事故暴露了在运行操作中，对走错间隔、带电合接地开关及母线接地开关长期解锁操作等关键危险点未进行分析，没有提出针对性控制措施。

3）现场把关制度流于形式。在本次事故中，在现场把关的管理人员没有履行把关责任，没有起到把关的作用。